YVES QUÉRÉ

LA SCIENCE INSTITUTRICE

Thème, variations et final

LA SCIENCE INSTITUTRICE

YVES QUÉRÉ

LA SCIENCE INSTITUTRICE

Thème, variations et final

*En mémoire d'elle,
théologienne, écrivain.*

On ne cherchera, dans cet ouvrage, aucune visée épistémologique, aucune prétention à quelque généralisation, encore moins à quelque complétude, que ce soit.

Si l'on y trouve, en esquisse, un éloge de la science, on aura vite fait de discerner ce que celui-ci doit à un parcours personnel, à travers une discipline particulière, la physique, pratiquée d'une manière partielle, l'expérimentale, au milieu d'êtres — proches, amis, professeurs, collègues, étudiants... — qui, jalonnant ce parcours, l'ont influencé.

Ce qu'il doit aussi à la pratique de l'enseignement : des élèves des Grandes Écoles aux petits élèves des écoles, j'ai perçu ce que la science pouvait avoir, à tous âges, d'aimable et de vivifiant ; ce en quoi elle pouvait nous aider à mieux voir, à mieux écouter, à mieux penser.

Ce qu'il doit, plus spécifiquement, à l'aventure passionnante de *La main à la pâte* par laquelle Georges Charpak a lancé une profonde rénovation de l'enseignement des sciences à l'école primaire. C'est, dans une large mesure, aux très nombreux enseignants rencontrés en cette occasion que je dois l'idée des pages qui suivent, c'est à l'écoute de leurs questions, de leurs commentaires, bref dans le dialogue tissé avec eux, que beaucoup d'entre elles ont pris forme.

Ce qu'il doit enfin au contact de tels jeunes étudiants de l'École polytechnique pour qui la science[1] — principalement, jusqu'alors, clé de réussite au concours — se découvrait, dans un approfondissement libéré des contraintes, comme une source d'émerveillement dont je bénéficiais moi-même : bienheureuse vertu du face-à-face pédagogique.

---

1. *La science,* ou *les sciences* ? « En fait comme en droit, il n'est que des sciences, c'est-à-dire une pluralité de savoirs régionalisés, différenciés par leurs objets et leurs méthodes, hiérarchisés entre eux par un modèle unique de scientificité, dont il faudrait discuter la position de monopole et les prétentions à l'hégémonie. » Luce Giard, « Contre-image de "la science" », *Esprit,* nov. 1977, p. 44.

Le pluriel ne nous protégeant pas automatiquement des tentations hégémoniques, on s'en tiendra ci-après au singulier. Se référer à *la science* ne saurait dissimuler la diversité des disciplines qui la composent ni celle des objectifs, voire des méthodes, qui la caractérisent, pas plus que parler *d'humanité* ne prétendrait masquer l'infinie variété des êtres humains.

Je remercie vivement la Fondation des Treilles à qui je dois le privilège de séjours à Tourtour particulièrement propices à la réflexion et à l'écriture.

À celles et ceux — et particulièrement Béatrice Descamps-Latscha et Pierre Léna, qui ont bien voulu relire le manuscrit — qui m'ont apporté leurs idées, leurs critiques ou leurs encouragements, je dis toute ma gratitude.

La science désignera donc, ici, l'ensemble des *sciences de la nature* — sciences physiques et sciences de la vie — ainsi que des techniques qui en découlent directement.

Il va de soi que *les sciences mathématiques* — à qui référence et révérence seront faites plus d'une fois — appartiennent de plein droit à la science, mais elles y ont un statut particulier : liées directement aux sciences de la nature (voir notamment p. 26, 45), elles ont aussi leur vie propre, abstraite des objets et des phénomènes concrets auxquels celles-ci sont, elles, pleinement consacrées.

L'informatique, branche récente de la logique et des mathématiques, tient une place considérable dans le développement actuel des sciences, les rapprochant les unes des autres grâce en particulier aux capacités qu'elle offre à toutes de réaliser les calculs numériques de plus en plus complexes dont elles ont besoin.

La technologie, qui est à la fois l'ensemble et l'étude des techniques, est en lien si fort avec la science qu'on les rassemble souvent l'une avec l'autre alors qu'il existe des démarcations que nous aurons l'occasion d'évoquer.

Les sciences humaines et sociales jouent un rôle croissant dans l'analyse du comportement des individus et des sociétés, dans la gestion de certaines crises sociales... ; mais, par leurs domaines d'étude et en partie leurs méthodes, elles se situent en dehors du champ des présentes réflexions.

Thème

Ce fut une bien curieuse idée — et à mon sens fort malencontreuse — de retirer à ceux qui enseignent nos enfants le beau nom d'instituteurs et de les ramener à la dénomination commune et banale de professeurs. Comme il fallait bien sûr les cantonner dans leur domaine propre, qui est celui de l'école, et ne pas risquer de les confondre avec les professeurs de collège, de lycée ou d'université, c'est la dénomination de « professeurs des écoles[1] » qui leur échut et que nous sommes censés utiliser désormais.

---

1. ... de plus en plus souvent condensée en « pé-eu ».

On nous dit qu'il s'agissait d'améliorer la situation financière des instituteurs, souci fort légitime. Et que cela passait par cette dénomination. Fallait-il pour autant se plier aux impératifs lexicaux de la fonction publique ? Il est regrettable que, dans une confrontation entre langage et règlement, entre la plasticité du mot et la raideur de la loi, ce soit le règlement qui l'emporte. Dans tout ce qui suit, je m'appliquerai à utiliser le mot noble, celui d'*instituteur*.

L'instituteur est celui qui, aux côtés des parents de l'enfant, *institue* celui-ci dans son statut d'adulte à venir, dans sa dignité d'être humain et dans les diverses dimensions du savoir et de la culture. Ce rôle superbe qu'il doit, entre autres, à sa qualité de tuteur et d'interlocuteur unique de l'enfant — ce que n'est pas le professeur — méritait bien un nom aussi spécifique que l'est la mission qu'il remplit. « Ce nom louait le plus noble des métiers. Comparez : le professeur n'est rien d'autre qu'un homme qui parle. L'instituteur est un homme qui, à la fois, élève un enfant (Montaigne parle de *l'institution des enfants*) et donne une légitimité qui paraît dans le mot : institutions [...]. Ni par son image ni par sa fonction, l'instituteur ne se compare à ceux qui enseigneront après lui, fournisseurs d'un savoir spécialisé, pour des esprits déjà triés[2]. »

Mais s'il a perdu son nom, Dieu merci, l'instituteur n'a pas perdu sa mission.

Ce sera l'ambition — et ce sera le *thème* — des pages qui suivent de montrer comment, à cette mission, la science peut participer, comment elle peut, elle aussi, instituer l'enfant, dans son lien avec le monde, dans sa quête de réponses aux questions qu'il pose, dans sa capacité à s'émerveiller et à inventer des images, des scénarios, des explications, et même dans son rapport avec les autres, dans l'écoute et le respect qu'il leur doit.

---

2. France Quéré, *Le Sel et le Vent*, Paris, Bayard, 1995, p. 169.
Également, François Mauriac : « [...] instituteur, de *institutor*, celui qui établit, [...] celui qui institue l'humanité dans l'homme ; quel beau mot ! »

« *Reconnaître le visage de Titus...* » (p. 16)
Titus, gravure de Rembrandt, 1656, Rijksmuseum, Amsterdam.

L'instituer dans le savoir et la culture, disais-je.

La science est *savoir*. Elle est, même si là n'est que l'un de ses objets, l'accumulation de tout ce que nous avons appris sur le monde et que nous avons disposé sur la grande étagère des connaissances, libre à chacun d'y puiser.

Mais la science est, plus encore, *culture*, c'est-à-dire mouvement vers un savoir. La culture ne réside pas dans notre aptitude à réciter par cœur une tirade de *Phèdre*, à fredonner de mémoire *Le Sacre du printemps*, à citer tel épisode de l'*Iliade*, à disserter sur le principe d'antisymétrie[3], ou à reconnaître dans l'instant le visage de Titus. Elle se situe bien plutôt dans notre capacité à chercher inlassablement, dans les pas de Racine, de Stravinsky, d'Homère, de Pauli ou de Rembrandt, ce qui nous est caché ; à utiliser les mots, les sons, les signes, afin d'exprimer l'indicible ou susciter l'invisible ; à découvrir et dénouer les médiations secrètes entre les idées, les êtres et les objets au milieu desquels nous évoluons ; aussi à en inventer d'autres et, par là, à *modifier* l'image que nous nous faisons du monde ainsi que notre connaissance des rapports existant entre ses éléments.

La culture n'est pas l'accumulation des savoirs. Elle n'est pas la somme inanimée des poèmes, des symphonies, des œuvres d'art, des doctrines philosophiques ou des théorèmes. Elle n'est pas la bibliothèque de tout ce que l'homme a pensé, fait, ou rêvé. Elle est moins le feuillage dru des réponses que l'humble humus des questions. Elle est l'effort que patiemment, porté par cette antique rumeur que l'émergence de la conscience fait monter du fond des âges, l'homme accomplit pour modifier et affiner la vision qu'il a du monde, le monde des espaces qui forment son en-dehors, celui des êtres qui peuplent son en-face, et celui de sa vie intérieure.

---

3. Voir p. 147.

Elle est donc tension et interrogation, regard et contemplation, bien plus que domination et appropriation.

Se présentant comme l'immémorial et émouvant dialogue de l'homme avec l'univers, la science est bien une province de la culture, et elle en est aussi une voie d'accès. Elle en possède au plus haut titre ce don de nous apprendre à voir, et à amender ce que nous voyons, ainsi que cette faculté de nous accorder, comme on accorde un violon, aux objets et aux phénomènes qui nous entourent.

Voie d'accès à la culture, la science n'est certes pas la seule, mais elle en est une, originale, stimulante, relativement peu fréquentée. Elle est ouverte à qui veut s'y aventurer. Somme de connaissances, école de pensée, appel à la diversité, figure d'universalité, préhension des réalités du monde, la science nous éduque, nous façonne, nous parle d'une façon d'être vrais et d'une façon d'être libres.

En un mot, elle nous *institue* comme êtres humains et, mieux, comme personnes.

1

Nommer

À l'aube encore indécise de notre commune aventure, la science, déjà, cheminait à nos côtés : deux enfants la main dans la main. Elle était la part visible, et comme l'affleurement, de notre naissante sensibilité au monde. Elle était le regard tout neuf que nous posions sur lui. C'est à vrai dire en ce regard même que, à l'origine des temps, elle avait vu le jour ainsi que dans ces bribes d'instinct et de pensée qui nous firent — distinguant les choses dans leur singularité — les désigner d'un geste, puis d'une parole, bref qui nous firent les nommer.

Nommer, en sciences, c'est donc une vieille, une très vieille histoire.

Pour en retrouver l'origine, il faut que nous nous rendions dans le Jardin d'Éden, en cet instant où Adam est convié par Yahvé à *nommer*[1], acte qui l'institue

---

1. « Nommer tous les oiseaux du ciel et toutes les bêtes des champs », Genèse 2, 20.

— poétiquement, symboliquement, comme l'on voudra — en premier homme de science de l'humanité. Nommer est en effet ce par quoi, en ses premiers balbutiements, l'homme primitif tente de mettre une amorce d'ordre dans le monde confus, voire chaotique, qui l'entoure ; et ce par quoi il apprend à conjurer, en l'assimilant partiellement, l'inconnu souvent menaçant auquel il est confronté[2].

Or qu'est-ce que la science sinon, d'abord, la mise en ordre des objets et des phénomènes qui constituent la nature ? Sinon, ensuite, l'art de les maîtriser et de prendre barre sur elle ? Lorsque Adam nomme les bêtes des champs, lorsque nous désignons le mistral ou la tramontane, lorsque La Pérouse, découvrant une île ou un golfe, leur donne un nom, lorsque maintenant encore nous nommons chaque année des centaines d'espèces minérales, végétales, animales… nouvelles, c'est bien, dans tous les cas, notre savoir et notre pouvoir sur le monde, et donc notre science, qui progressent. Lavoisier le sait parfaitement lorsqu'il souligne « l'impossibilité d'isoler la nomenclature de la science et la science de la nomenclature », et qu'il prend celle-ci pour « instrument de refondation de la chimie [...]. Du fait de la liaison étroite entre la réforme linguistique et l'élaboration d'une nouvelle théorie, la nomenclature apparaît comme le baptême d'où sortit une science moderne[3] ».

---

2. *Cf.* « Images du nom », *Zodiaque*, 5, 2000.

3. Bernadette Bensaude-Vincent, *in Le Temps des savoirs*, la *Dénomination*, Paris, Éditions Odile Jacob, 2000, p. 62, ouvrage où, aux côtés de celui de la chimie, on trouvera analysés les cas de l'astronomie (Jean-Pierre Verdet), des mathématiques (Pierre Cartier et Karine Chemla) et de la physique (Françoise Balibar).

« *Nommer tous les oiseaux du ciel* » (p. 19).
Sula Leucogaster, Jean-Jacques Audubon.
Bibliothèque de l'Institut, Paris.

Des mots...

Les voici donc nommés, le renard, la Lune, et le corbeau ; le chêne et le roseau ; l'éclair, la marée, et la Grande Ourse ; les voici désignés sans ambiguïté[4]. Et du coup je me trouve, homme préhistorique, introduit subrepticement au cœur de ces deux grandes provinces de la pensée scientifique que sont la *synthèse* et l'*analyse*. En effet, ayant appelé ici « calcaire » le sol où je marche, plus loin « granit » car sa couleur et sa texture ont changé, et plus loin encore « schiste », ayant ainsi nommé la nature, je fais acte de langage, mais aussi de science, en créant le mot « roche ». Tout en désignant en effet une matière familière, concrète, dure, celui-ci m'introduit en même temps dans un monde abstrait et, me faisant passer des éléments au tout, m'initie au concept d'*ensemble*. Inversement, ayant « nommé tous les oiseaux du ciel », je m'exerce — à mon insu — à l'analyse lorsque, observant cette forme qui passe au-dessus de moi, je me demande s'il s'agit d'une hirondelle, d'un aigle,

---

4. ... du moins dans les grandes lignes. Car la dénomination dépend de nos propres sensations, lesquelles peuvent différer d'ici à là. Les exemples abondent de non-correspondance biunivoque d'un lexique à un autre.

Ainsi, il n'existe pas d'équivalent russe du français *bleu*, les mots *golouboï* et *sinii* (qu'on traduit par *bleu clair* et *bleu foncé*) désignant deux couleurs distinctes aux yeux des Russes, et non deux nuances de notre bleu (*Cf*. John Lyons, *Linguistique générale*, Larousse, 1970 ; référence communiquée par Anne-Marie Perrin-Naffakh).

Ainsi encore, face à notre seul *neige*, les Inuits disposent de plusieurs dizaines de noms, modulant à l'extrême les différences de couleur, d'aspect, de texture, de densité...

d'un pinson…, ou me persuade que, feuille morte qui vole au vent, elle n'appartient pas à la famille précédente.

… *aux phrases*

Ayant créé les substantifs, puis les verbes afin de désigner les actions[5], alors suis-je en mesure de les associer pour construire des *phrases*. Et sans doute vais-je m'apercevoir bientôt que, du nombre immense de celles que cette combinatoire me permet de composer, une écrasante majorité n'a de portée que locale et momentanée. Ainsi, « Je pars tailler mes silex ; reste à la grotte et tâche de bien entretenir le feu ! » ne crée de sens que pour quelques proches, et relativement à un temps très limité. Reconnaissons que nos phrases d'aujourd'hui appartiennent pour la plupart à cette catégorie.

En revanche va-t-on sans doute bientôt prendre conscience que quelques phrases très particulières

---

5. … notamment les actions techniques qui donnent maîtrise sur les objets ou la matière : « Les draps sont ensuite cardés, tondus, ramés, épouillés, couchés et pressés… », écrit Hassenfratz à propos de la fabrication des étoffes, en une rafale de verbes qui nous plonge en pleine terminologie, dans l'un des cours de *Technologie* qu'il donnait depuis 1793. « C'était la première fois que ce mot, dont on connaît la fortune future, apparaissait dans la nomenclature des matières susceptibles d'étude et d'enseignement. Le mot avait fait son apparition dans le vocabulaire du XVIIe siècle pour désigner "l'ensemble des termes propres à un domaine", synonyme par conséquent de terminologie pour les arts et les métiers. » Emmanuel Grison, *L'Étonnant parcours du républicain J.-H. Hassenfratz (1755-1827)*, Paris, Les Presses de l'École des mines de Paris, 1996, p. 261 et 179.

Hassenfratz deviendra professeur (plus exactement *instituteur*) de physique à Polytechnique dès la création de cette école en 1794.

semblent, elles, marquées d'un sceau d'éternité et de non-localité, bref d'absolu. C'est le cas lorsque je dis « Lâchée, la pierre tombe », ou « Le soleil chauffe », ou encore « Je mourrai ». Ces phrases — nées de l'observation d'une nature moins confuse qu'il n'y paraît puisqu'elle sait suivre des chemins inéluctables — nous les appelons maintenant des *effets* : ainsi le phénomène décrit par la phrase « Un courant électrique chauffe le fil dans lequel il passe » porte le nom d'*effet Joule*, parce que prononcée pour la première fois, semble-t-il, par ce physicien anglais.

Ce sont, incidemment, ces phrases particulières qui nous autorisent à créer dans notre langage ce temps insensé qu'est le futur. De quel droit osons-nous aventurer notre discours au-delà du moment présent ? D'aucun, sauf de celui que les effets m'accordent. Car si la pierre est toujours tombée — mes ancêtres me l'ont affirmé —, si aujourd'hui elle tombe, ici et partout, alors ai-je la conviction, mieux la certitude, que demain elle tombera.

Sortes de diamants durs de notre langage, ces effets mis bout à bout jalonnent l'histoire de la science et ils en dessinent le squelette. Si les mots nomment les objets de la nature, eux leur confèrent une manière d'être et parfois, mieux encore, une *raison* d'être.

La langue de la nature...

Mais l'histoire de la science, qui est fortement liée à celle du langage, commencée en Éden, ne s'arrête pas là. Si au-delà des mots sont apparus les effets, au-delà des effets viendront les *lois*. Car les effets, tout absolus qu'ils sont, manquent de précision. « La pierre tombe, c'est entendu, mais comment tombe-t-elle ? » se demande, après bien d'autres, Galilée. Régulièrement, c'est-à-dire à vitesse constante, comme l'affirme Aristote ? De plus en plus vite ? De moins en moins vite ?

Ces questions, à qui convient-il d'en demander réponse ? À l'homme, du haut de son intelligence et de sa sagesse ? À l'Écriture sainte, du haut de son origine divine ? Ni au premier puisqu'il est le questionneur, ni à la seconde car son intention est autre[6], mais à la nature elle-même : tel est le choix qui prévaut en cet instant décisif que constitue, pour la science, la charnière entre Renaissance et Classicisme. C'est elle qui sait, c'est elle qui détient les réponses, c'est d'elle que le savant doit, par la *méthode expérimentale*[7], les extraire.

Instant décisif, aussi, par la conjointe pénétration de la *pensée rationnelle* dans tous les domaines de l'activité intellectuelle ; pensée qui « ruine [...] ce qui jusqu'alors tenait lieu de méthode, le recours aux analogies et aux correspondances entre le microcosme (l'homme) et le macrocosme (l'univers), la représentation des phénomènes naturels par les approximations de la mythologie, c'est-à-dire tout ce dont se nourrissait jusqu'alors la poésie et qui justifiait parfois la prétention des poètes à être les dépositaires privilégiés du savoir[8] ».

---

6. « L'intention de l'Écriture est de nous enseigner comment on va au ciel mais non comment va le ciel », aphorisme du cardinal Baronius repris par Galilée dans sa *Lettre à Christina de Lorraine* (1615).

7. ... méthode que Roger Bacon recommandait dès le XIIIe siècle.

8. Jean-Pierre Chauveau, *Lire le baroque*, Paris, Dunod, 1997, p. 53.

Une expérience n'est rien d'autre, dès lors, qu'une parcelle du dialogue raisonné qui s'instaure entre l'homme et la nature, lui stylisant sa question à l'extrême en sorte de l'obliger, elle, à donner une réponse intelligible.

Aussitôt s'aperçoit-il que cette réponse lui est donnée en un langage bien à elle — « L'Univers, nous dit Galilée, est un grand livre, écrit dans la langue de la géométrie[9] » — que, miraculeusement, il comprend. En effet cette langue (nous dirions, de nos jours, les *mathématiques*), qui est consubstantielle à la nature, est tout autant une création de l'homme. Ainsi, nous répond la nature au sujet de la pierre, celle-ci tombe d'une dénivellation (ou hauteur) h qui croît avec la durée de chute t comme t multiplié par lui-même, ce que l'on peut transcrire (en unités de hauteur et de temps adéquates) sous la forme :

$$h = t^2$$

où l'on reconnaît une *équation*[10]. Par elle, l'effet se hisse au statut de *loi* : c'est la *loi de Galilée*[11].

---

9. « ... et ses caractères sont des triangles, des cercles, et autres figures géométriques, sans le moyen desquels il est humainement impossible d'en comprendre un mot. Sans eux, c'est une errance vaine dans un labyrinthe obscur. » Galilée, *L'Essayeur*, Paris, Les Belles Lettres, 1980.

Le titre de l'ouvrage de Galilée, *Saggiatore*, affirme la nécessité que, lors du discours scientifique, on pèse les mots et les idées non pas sur une balance quelconque mais sur celle, beaucoup plus précise, de l'essayeur d'or. *Cf.* Ludovico Geymonat, *Galilée*, Paris, Seuil-Sciences, 1992.

10. Les équations de la science contemporaine sont en général plus compliquées que celle-ci. Mais qu'importe ! En elle, tout est déjà en germe.

11. L'expérience consiste ici à mesurer la distance parcourue par la pierre en fonction du temps de chute, ce que Galilée réalisera à l'aide d'une boule roulant vers le bas sur un plan incliné, nous donnant un bel exemple de ce qu'est l'habileté expérimentale. Si, en effet, cette distance h (hauteur de dénivellation) était facile à mesurer, le temps t

Nommer la nature passe désormais par le truchement de cette langue, qui est universelle, et qui mène la double vie étrange d'exister sans aucun doute depuis l'origine du monde[12] et, tout autant, d'être créée par l'homme depuis seulement qu'il vit et pense.

... et les langues naturelles

Faut-il comprendre, pour autant, que cette langue universelle est la seule capable de véhiculer nos découvertes, voire même de donner une expression à notre pensée, dès lors que celle-ci s'attache à la science ? Certes non ! « S'il est, dans la science physique d'aujourd'hui, inconcevable de se passer d'une formalisation mathématique véritablement constitutive de notre approche du réel, l'obligation d'en sortir par la langue n'en est que plus vive[13]. » L'homme de science

---

l'était beaucoup moins compte tenu de l'absence, au XVIIe siècle, de chronomètres de précision suffisante. Il semble que Galilée ait procédé par pesée : ouvrant, au départ de la boule, le robinet purgeur d'un réservoir plein d'eau, il le fermait à l'arrivée. En pesant la quantité d'eau écoulée et récoltée dans un récipient, il avait là une mesure du temps de roulage, donc du temps de chute. Pour un temps 2, ou 3, ou 4... fois plus long, la hauteur mesurée se trouvait être respectivement 4, 9, ou 16... fois plus grande, où l'on discerne une *accélération* et d'où l'on induit la loi expérimentale du « temps au carré ».

12. Écoutons ici Madame de Staël : « Quand la nature cristallise selon les formes les plus régulières, il ne s'ensuit pas qu'elle sache les mathématiques, ou du moins elle ne sait pas qu'elle les sait, et la conscience d'elle-même lui manque. » Germaine de Staël, *De l'Allemagne*, II, Paris, GF-Flammarion, p. 171.

13. Jean-Marc Lévy-Leblond, *Aux contraires*, Paris, Gallimard, 1996, p. 19.

pense le plus souvent avec ses mots de tous les jours et sa syntaxe maternelle, même s'il s'exprime souvent dans cette *lingua franca* qu'est l'anglais. Selon Étienne et Anne Guyon, « la formulation de ses propres idées se fait naturellement dans la langue de son for intérieur, dans sa langue intime [...]. Cette langue naturelle[14] porte un sens qui nous permet toujours de nous approprier l'abstrait de telles formules, nous permet de lui donner un sens par le recours de l'analogie et de les rattacher à du connu plus élémentaire ou plus proche ».

Le génie propre de chaque langue permet d'adapter à des situations complexes, parfois abstraites, une locution évocatrice, lourde de développements ultérieurs souvent suscités par sa vigueur expressive. Que l'on pense aux *fibres, germes, tiges* et autres *squelettes* (Bourbaki) qui désignent des concepts fort abstraits de la géométrie, à *la fourmi dans un labyrinthe* (Pierre-Gilles de Gennes) qui décrit une marche au hasard dans un cheminement mal interconnecté, à *la physique du sac de billes* (Étienne Guyon) qui concerne la science des milieux granulaires, à la *Gedanke Experiment*, l'expérience de pensée, au *Gap* (bande d'énergies interdites) des semi-conducteurs, ou encore à l'*Al-gàbr* (« qui réunit ce qui a été cassé ») mère arabe de notre *algèbre...*,

---

14. ... langue qui « autorise des glissements de sens grâce aux connotations, à toutes les charges culturelles, émotionnelles, qui accompagnent les mots [...]. Les mots *chaos, attracteur étrange* ou *catastrophe* [...] accompagnent des champs de découvertes récentes et bien précises. Le choix même de ces mots forts a permis une récupération floue et abusive, au-delà de leur champ propre de définition scientifique ». Étienne Guyon et Anne Guyon, « Anglais de spécialité et plurilinguisme », *Revue du GERAS*, sept. 1997, p. 1.

tous mots ou expressions issus d'une langue maternelle imagée, et répandus dans le langage scientifique universel.

L'expérience de pensée peut elle-même s'exprimer en une langue simple, ramenant un petit morceau de science — hors toute manipulation expérimentale et tout développement mathématique — à une sorte de court récit efficace. Ainsi en va-t-il de celui qui suit. Une pierre tombe. Imaginons que, durant sa chute, elle se fende en deux parties inégales qui deviennent distinctes tout en restant au contact l'une de l'autre. Les deux morceaux, le gros et le petit, continuent bien sûr leur chute de conserve, c'est-à-dire à même vitesse l'un que l'autre et à même vitesse que celle de la pierre intacte. « Preuve » est ainsi faite — mais il conviendra de la conforter expérimentalement — que deux objets de masses différentes tombent à même vitesse.

L'usage du langage ordinaire, en sciences, est-il sans danger ? On devine bien les risques d'imprécisions et de fausses routes qu'entraîne pour la connaissance pure l'utilisation de mots dont l'origine se perd dans la nuit des temps et dans la nébulosité des civilisations ou des dialectes. Si les synonymies et les homonymies conviennent bien à l'esprit de finesse, elles font mauvais ménage avec l'esprit de géométrie. Et pourtant l'un et l'autre, ensemble, instituent l'esprit scientifique. Aussi, « le jeu sur l'ambiguïté des dénominations ne peut se faire de façon sauvage : il doit être conforme aux indications fournies par le développement de l'algèbre [...]. Le langage courant, du fait même de son excès de sens, ne peut fonctionner en physique que sous contrôle[15]. C'est l'algèbre qui règle les libertés que cet excès de sens autorise et sans lequel la physique serait tout simplement immobile[16] ».

Les lois et les décrets

Formalisme mathématique ou langage ordinaire, c'est un grand progrès de connaître les lois auxquelles obéit la nature. N'en attendons pas pour autant une description précise et détaillée de tout ce qui s'y déroule. Les phénomènes réels mettent en jeu simultanément de multiples effets et donc tout autant de lois. Ainsi, la pierre qui tombe est soumise à une foule d'actions secondaires (au minimum celle de la résistance de l'air, elle-même effet complexe impliquant des myriades de molécules gazeuses agissant sur la pierre indépendamment les unes des autres), comme autant de décrets d'application, qui interdisent tout espoir de décrire parfaitement la chute. Au mieux pouvons-nous attendre de la loi de Galilée un bon « à-peu-près » de la manière qu'a la pierre de tomber[17]. « Les lois élémentaires de la physique et de la chimie sont bien connues et admises par tous. Mais les systèmes étudiés

---

15. ... contrôle qui doit lui éviter toute confusion avec le langage de la rhétorique. *Cf.* François Létoublon, Philippe Jarry et Yves Bréchet, *Langages scientifiques, sémantique, syntaxe et rhétorique*, Paris, Éditions du CNRS, 2001.

16. Françoise Balibar, *in Le temps des savoirs, la Dénomination*, *op. cit.*, p. 100 et 102.

17. Ce n'est même plus un bon à-peu-près si la résistance de l'air devient prépondérante. C'est le cas d'une plume d'oiseau, ou d'un parachutiste, qui tombent en fait à vitesse constante : h = t (en unités, ici encore, adéquates).

À l'instar du poumon (p. 33), *l'arbre de Bruegel est-il fractal ?*
Le Recensement de Bethléem (détail), Bruegel, Musées royaux des
Beaux-Arts, Bruxelles.

sont tellement complexes qu'aucune déduction rigoureuse
de leurs propriétés n'est possible à partir de ces lois[18]. »

C'est aussi un bon à-peu-près d'énoncer que « la
Terre est une sphère ». Cette affirmation s'apparente à

----

18. Jacques Friedel, *Graine de mandarin*, Paris, Éditions Odile
Jacob, 1994, p. 295.

une loi et, ici encore, passe par le truchement d'un être mathématique abstrait, la sphère, pour décrire approximativement un objet concret et complexe, illustrant le propos de Jean Perrin : « La science remplace du visible compliqué par de l'invisible simple. »

Ce dernier constat s'applique particulièrement aux sciences de la vie où le caractère rigoureusement prédictif des lois générales n'est pas aussi assuré que dans les sciences physiques. « En biologie, les généralisations n'atteignent pas ce degré de précision universelle : s'il en existe, elles souffrent de nombreuses exceptions. Plus que des lois au sens strict, ce sont des règles probabilistes. Comme on le dit parfois : *il n'y a qu'une loi en biologie, c'est que toutes les lois ont des exceptions*[19]. »

Il n'y a pas que les phénomènes qui soient complexes. Les objets eux-mêmes le sont souvent, notamment dans leur forme, au point parfois qu'une description purement verbale soit inadéquate, ou insuffisante ; au point d'être littéralement « indescriptibles » par des mots. Exemple, parmi tant d'autres, le poumon[20]. Les

---

19. Nicole Le Douarin, *Des chimères, des clones et des gènes*, Paris, Éditions Odile Jacob, 2000, p. 33 (souligné par l'auteur).

20. On connaît son rôle : permettre la régénération du sang veineux par l'oxygène de l'air que nous respirons. Mettre en présence le plus rapidement et le plus efficacement possible l'un et l'autre, grâce à une surface de contact la plus grande possible (alors que le volume est fixé : celui de la cage thoracique), exige une double ramification complexe, celle des bronches en bronchioles de plus en plus fines (aboutissant aux minuscules alvéoles) et celle, comparable, des systèmes veineux (à l'aller) et artériel (au retour). La condition supplémentaire que l'irrigation des vaisseaux et l'oxygénation des alvéoles soient uniformément réparties dans l'ensemble du poumon impose finalement à celui-ci une structure interne qui ne saurait être le fait du hasard.

nécessités de son bon fonctionnement lui imposent une forme ramifiée d'une extrême complexité. Le caractère remarquable de cette complexité est qu'elle se décrit avec logique, clarté et précision, à l'aide d'une procédure géométrique simple[21] qui, dans sa généralité, s'adapte fort bien à d'autres objets. Tout se passe comme si, mue par un principe d'économie, la nature n'utilisait qu'un petit nombre de règles élémentaires aux fins d'élaborer la multiplicité des formes dont elle a besoin pour tel ou tel usage.

Nommer en science ? C'est donc d'abord s'appliquer à inventer les mots nécessaires, à composer les phrases justes et à créer le langage adapté qui, tous, permettent de décrire la réalité objectivement, avec le plus de raffinement possible, et donc de tendre vers une certaine forme de la vérité, fût-elle approximative. Mais l'objectivité suffit-elle pour capter l'ensemble du monde, dans son état comme dans son évolution ? Généralement pas. Il existe, pour nous tous, au sein de notre propre subjectivité, d'autres facettes de la vérité dont chacune doit aussi être nommée[22], qu'elles s'ins-

---

21. Cette procédure fait partie de celles qui engendrent les formes dites *fractales*. Se reporter à : Benoît Mandelbrot, *Les Objets fractals, forme, hasard et dimension*, Paris, Flammarion, 1975 ; Bernard Sapoval, *Universalités et fractales*, Paris, Flammarion, 1997 (s'agissant de la forme des poumons, voir p. VIII).

22. « Nul ne dispose du savoir de surplomb qui permettrait d'unifier le champ des convictions fondamentales. La pluralité est la condition d'exercice de tous les discours sur l'homme, qu'ils soient théoriques ou pratiques, scientifiques, esthétiques, moraux, spirituels. » Paul Ricœur, Préface de France Quéré, *Conscience et neurosciences*, Paris, Bayard, 2001, p. 11.

crivent dans l'univers des sentiments, dans celui de la poésie, dans celui de la spiritualité, dans celui de l'art, dans celui de la philosophie... Nous y reviendrons.

Puisse se faire qu'aucune de ces expressions n'abîme, ou n'écrase, telle autre, mais bien plutôt qu'elles se nourrissent et qu'elles se vivifient mutuellement !

2

Décrire ? Expliquer ?

Le discours scientifique, venons-nous de voir, consiste à nommer la nature ; à la raconter ; puis à sceller avec elle un pacte d'intelligibilité par quoi nous reconnaissons une classe d'événements répétitifs et certains (« Lâché, le caillou tombe au sol ») au sens qu'ils se produisent à coup sûr si nous répétons identiquement la procédure initialement adoptée (saisir un caillou et ouvrir la main) ; enfin à intégrer chacun de ces événements dans une formulation à la fois plus générale et plus précise — la loi — qui les décrit dans un langage ramassé, d'expression très généralement mathématique. Ainsi, la loi de Galilée $h = t^2$ décrit, de manière quantitative, chiffrable en unités de longueur et de temps, la manière dont tombent au sol — et demain tomberont à coup sûr — non seulement cette pierre particulière, mais tous les objets[1].

---

1. ... aux remarques près de la p. 30 et de la note 3, p. 37.

Le choix de la chute du caillou comme prototype d'aventure scientifique, d'Aristote à Einstein, n'a bien sûr ici pas de valeur particulière. Il est mille autres exemples qui conviendraient aussi bien. Dans tous les cas, nous retrouverions ce fait que les événements de la nature semblent conduits sur des rails invisibles mais impérieux qui installent un ordre (dans la double acception du mot : obligation et organisation) caché au sein d'une apparente confusion.

Les Comment ?...

L'ambition du discours scientifique est cependant plus vaste. Dans le droit fil du caillou lâché et de la loi de Galilée, un Newton viendra bientôt qui mènera ce discours beaucoup plus loin, l'élargissant en fait à l'immensité de l'univers[2]. Son intuition sera triple : avec Kepler, percevoir dans la chute du caillou la relation symétrique qui le lie à la Terre (si l'un tombe vers l'autre, alors l'autre tombe aussi vers l'un) ; imaginer que ce mouvement de l'un vers l'autre est dû à une entité — abstraite dans sa non-matérialité et concrète dans ses effets — la *force* ; enfin postuler que la loi de Galilée peut être étendue au grand Tout, c'est-à-dire qu'elle doit être conservée dans sa forme générale quel que soit le lieu de l'univers où l'on ferait tomber

---

2. Le mot *univers* nous vient du latin *universus* qui qualifie la totalité de quelque chose. Il semble qu'il fasse son apparition comme substantif vers 1530 chez Clément Marot, et comme adjectif dès le XIIIe siècle dans *Proposition universelle*.

« ... *d'Aristote à Einstein* » (p. 36)
Portrait d'Aristote, gravure anonyme.
Portrait d'Einstein par Max Wulfart, avec le commentaire
suivant du savant : *Gut gemalt in kurzer Frist. Das Model zufrieden ist.*
(*Vite et bien exécuté. Le modèle est satisfait.*)
Archives de l'Académie des sciences

un objet[3], et quel que soit l'objet, fût-ce la Lune. À vrai dire, « il fallait être Newton pour apercevoir que la lune tombe, quand tout le monde voit bien qu'elle ne tombe pas[4] ».

Tout cela étant admis — qui est doué de la beauté que confèrent cohérence, satisfaction de l'esprit et

---

3. Il conviendrait bien sûr ici de réécrire la loi de Galilée sous une forme plus générale $h = K t^2$ où K dépend du point de l'univers où la mesure est faite. Même sur la Terre, K varie quelque peu : il est légèrement plus grand au niveau de la mer qu'au sommet d'une montagne, car dans le premier cas les deux objets, Terre (ramenée à son centre) et caillou, sont plus proches l'un de l'autre que dans le second.

4. Paul Valéry, *Cahiers*, tome II, Paris, Gallimard, Bibliothèque de la Pléiade, 1974, p. 878.

grandeur —, Newton peut alors imaginer une expression (mathématique, bien sûr) décrivant l'intensité de cette force qui attire un objet vers un autre, force dite de « gravitation universelle » : *gravitation* parce que chacun des deux objets est attiré par l'autre comme nous sommes attirés vers le sol, par gravité ; *universelle* parce que concernant l'univers dans sa globalité. Cette expression[5], qui ne met en cause que la masse des deux objets et leur distance mutuelle (complétées par une constante numérique universelle), donne une superbe réponse à l'un des grands *Comment ?* que nous nous posons sur l'agencement du monde.

Le discours prend ici une ampleur telle que l'on désigne l'ensemble sous le nom de *théorie*, « théorie de la gravitation universelle ». Celle-ci, après débats et controverses — car convaincre participe du travail scientifique[6] — finira par emporter bientôt l'adhésion dans la mesure où cette expression mathématique de la force de gravitation rend parfaitement compte non seulement de la loi de Galilée (qui n'en est plus qu'un cas particulier) et des lois de Kepler relatives au mouvement des planètes, mais aussi de l'ensemble des forces de gravitation chaque fois que, décennie après décennie, siècle après siècle, on saura les mesurer.

---

5. Elle a la forme : $f = G\, m\, m'/\, r^2$, où m et m' sont les masses des deux objets, r leur distance mutuelle, et G une constante numérique universelle : la force est d'autant plus grande que les masses m et m' sont plus grandes et que la distance r est plus petite.

6. « Découvrir et convaincre, tel est l'indissociable diptyque du chercheur. » Claude Allègre, *L'Écume de la Terre*, Paris, Fayard, 1983, p. 333.

D'autres noms seraient à citer après celui de Newton, tels ceux de Laplace et de Poincaré (qui s'intéressent au cas de plus de deux corps en présence), celui d'Einstein (qui fait intervenir explicitement le temps de propagation de la gravitation), en attendant les suivants. Dans chaque cas, la théorie est reprise, remodelée pour faire face à des situations de plus en plus complexes. À chaque fois, la description se précise en une sorte de photographie de plus en plus nette et convaincante de la réalité qui nous entoure, mais avec une part d'éphémère, le nouveau discours reprenant le précédent, le raffinant sans le nier, et l'englobant en une vision plus large, plus générale, à l'image de poupées russes s'emboîtant les unes dans les autres, chacune absorbant et amplifiant son aînée, sans que rien vienne indiquer que cette histoire doive, un jour, avoir une fin.

À cette part d'éphémère, Claude Bernard était déjà sensible : « Les théories ne sont que des hypothèses vérifiées par un nombre plus ou moins considérable de faits ; celles qui sont vérifiées par le plus grand nombre de faits sont les meilleures ; mais encore ne sont-elles jamais définitives et ne doit-on jamais y croire d'une manière absolue[7]. »

Que ce caractère momentané ne nous abuse pas : certains croient y trouver une justification à l'idée que seule serait « vraie » la science *actuelle*. Dans cette logique, on ne devrait plus enseigner la physique

---

7. Claude Bernard, *Introduction à l'étude de la médecine expérimentale*, Paris, Poche-Club, 1963, p. 266.

newtonienne (certains l'affirment) puisque la mécanique quantique[8] l'a — pensent-ils — détrônée. Le contresens est ici total. Il faut celle-là pour bâtir et comprendre celle-ci. Et surtout celle-ci ne saurait remplacer celle-là s'agissant des objets et des phénomènes à notre échelle. De même, la théorie de la relativité ne nous dispense pas d'étudier l'espace euclidien, familier et immédiat. Gravir le mont Blanc ne retire rien à l'agrément ni à l'intérêt pédagogique d'une excursion dans les Aravis.

Dans leur construction en étapes éphémères, ces monuments de la pensée scientifique que sont les grandes théories ne sont pas tous structurés par une armature mathématique. Celle-ci peut être remplacée par un enchaînement logique. Lorsque Darwin pose les fondements de la théorie de l'évolution, il le fait en langage ordinaire, reliant entre elles — dans l'élan du génie et la contrainte du raisonnement — ses observations sur les oiseaux des îles Galapagos et sur d'autres espèces animales. C'est bien là un *discours* qui, depuis, ne cesse de se raffiner, de se préciser, par mille idées et mille observations nouvelles, au prix aussi de contradictions surmontées, de débats souvent rudes et de « reculées » pour mieux avancer, sans qu'ici non plus on n'imagine qu'il y sera un jour mis le point final.

... *et les Pourquoi ?*

Description, discours, photographie, voilà ce dont il a été question jusqu'ici. Décrire la nature, est-ce là,

---

8. Voir p. 50.

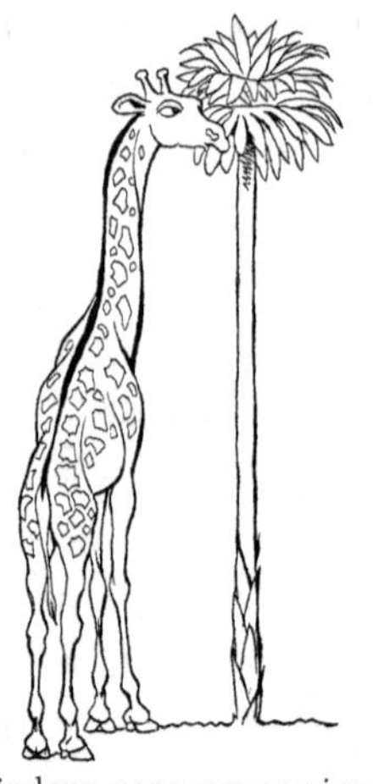

— Dis donc, papa, *pourquoi* que les palmiers sont si grands ?
— C'est pour que les girafes puissent les manger, mon enfant, car...

... si les palmiers étaient tout petits, les girafes seraient très embarrassées.

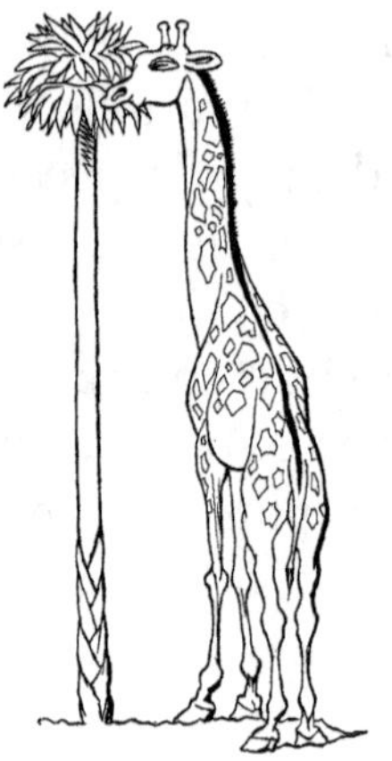

— Mais alors, papa, *pourquoi* que les girafes ont le cou si long ?
— Eh bien ! c'est pour pouvoir manger les palmiers, mon enfant, car...

... si les girafes avaient le cou court, elles seraient encore bien plus embarrassées.

« Lorsque Darwin pose les fondements
de la théorie de l'évolution... » (p. 40)
Les pourquoi de M. Toto, Album Caran d'Ache, Plon, 1895, p. 30.

pour la science, l'ultime ambition ? Encore que celle-ci se révèle grandiose, nous découvrant des pans de la vérité profonde du monde, le discours va plus loin qu'il n'y paraît : il proclame, dans sa pureté et sa simplicité, la vocation de la nature à être non seulement lisible et belle[9] mais aussi intelligible. La science nous aide non seulement à la contempler dans sa réalité vive mais, mieux, à la comprendre.

Mais au fait, qu'est-ce, là, à dire ?

Nous venons de saluer Newton imaginant le concept de force afin d'expliquer la chute des corps et de rendre compte de la loi de Galilée. La science est faite, en son histoire, d'inventions de même texture et de même ambition : chaque fois, il s'agit d'introduire dans notre paysage mental un objet (au sens large, éventuellement mathématique, du mot) nouveau — ici la force — qui nous fasse progresser dans la description et, pensons-nous, dans l'intelligibilité du monde.

« Expliquer la chute des corps », disions-nous. Mais qu'appelons-nous *expliquer* ? Pour les uns, expliquer c'est repérer la (ou les) *cause(s)* d'un événement : « Il est tombé à l'eau parce qu'il a glissé sur le rocher » ; mais Bertrand Russell nous met en garde contre ce mot « si inextricablement lié à de trompeuses associations

____

9. Ce mot n'est pas utilisé ici par emphase. Il n'est pas rare que, face à plusieurs théories concurrentes, et faute d'arguments expérimentaux décisifs, on donne sa préférence à celle dont l'esthétique (en termes, par exemple, d'élégance mathématique) est la plus raffinée. L'histoire des sciences montre que l'on n'a généralement pas tort d'adopter ce critère inattendu.

d'idées que son exclusion du vocabulaire philosophique est hautement souhaitable[10] ». Pour d'autres, c'est dévoiler les *finalités* au travers desquelles l'événement s'est produit : « Il est tombé à l'eau parce qu'il avait décidé de se suicider » ; mais les finalités impliquent la conscience réfléchie d'un être, homme ou Dieu, tandis que la science n'attribue aucune sorte de conscience à la nature : les finalités[11] sont hors de son cadre. En science, expliquer, ce sera plutôt montrer que l'événement peut être *déduit* d'une loi, ou d'un principe (par exemple physique) plus général dont il est une des conséquences, obligée et strictement répétitive ; d'un principe qui rejaillit dans mille directions, déclinant

---

10. Bertrand Russell, *Mysticism and Logic*, New York, Doubleway, 1957, p. 174.

Les causes, le plus souvent innombrables et enchevêtrées, d'un événement *singulier* (la tempête de décembre 1999, le tremblement de terre de San Francisco, l'assassinat d'Henri IV...) existent certes, et doivent être débusquées aussi « scientifiquement » que possible, tandis que la science cherche l'explication de phénomènes *généraux* et répétitifs.

11. ... finalités que l'on ornera pourtant, jusqu'au XIXe siècle, de guirlandes *à la* Bernardin de Saint-Pierre. Ainsi, vers 1850 encore, l'astronome Mitchell, directeur de l'Observatoire de Cincinnati, s'émerveille devant la sagesse qui s'est manifestée, à l'origine du monde, en ceci que « plusieurs fonctions importantes ont été assignées à un objet donné. Ainsi, le Soleil est à la fois grand régulateur du mouvement des planètes et notre fontaine de lumière et de chaleur. La Lune à la fois nous éclaire la nuit et provoque les marées [...]. L'atmosphère nous permet de respirer et donne aux plantes et aux animaux de quoi vivre [...]. Elle porte les nuages et arrose le sol, elle diffuse la lumière du Soleil sur toute la Terre, elle alimente le feu, fait marcher nos machines, pousse nos navires et transporte à nos oreilles toutes les nuances de la parole et toutes les mélodies de la musique ». Ormsby MacKnight Mitchell, *The Orbs of Heaven, or The Planetary and Stellar Worlds*, Londres, Ingram, Cook & Co, 1853, p. 297.

mille explications cohérentes de mille événements apparemment indépendants.

Ainsi est-il bien vrai que, du moment où je me familiarise avec l'idée de force, des zones entières d'obscurité disparaissent. S'enchaînent dans mon esprit la compréhension — fût-elle purement qualitative, mais elle sait être beaucoup mieux que cela — du mouvement des planètes autour du Soleil, puisque chacune d'entre elles est « retenue » près de lui par cette force ; celle des marées puisque la Lune et le Soleil « tirent » l'eau des océans d'une manière calculable et assez précise pour que l'on connaisse parfaitement à l'avance les heures et les amplitudes desdites marées ; celle de la propulsion des fusées — nonobstant mon éventuelle ignorance de la chimie des carburants — et de l'extraordinaire précision du lancement, et de l'arrivée au but, des satellites d'exploration ; celle de l'effondrement d'un barrage de retenue sous la pression qu'exerce l'eau sur la structure ; celle de la paradoxale montée de la sève dans les plantes, du moment où l'on m'aura indiqué l'existence des forces de capillarité... Dans chacun de ces cas, c'est bien d'une explication qu'il s'agit puisque la connaissance de la force qui est en jeu, la cascade de conséquences logiques qui s'enchaînent à partir de la situation initiale, éventuellement l'analyse mathématique que je puis élaborer quant aux évolutions ultérieures, m'ont permis de décrire un phénomène ou un événement nouveaux, en cohérence avec le reste du savoir accumulé. Qui plus est, ils m'ont aussi permis de prédire, ce qui confirme que je fais mieux que simplement décrire ce qui se passe, je le comprends.

Les mathématiques, un berceau

Il est vrai également que le langage mathématique n'est pas seulement un code permettant d'énoncer sous forme concise et ramassée des lois comme celle de Galilée. Il permet aussi de suivre par une *modélisation* — qu'elle soit d'ordre analytique ou numérique — un phénomène de la nature ou de notre environnement technique. On désigne ainsi une mise en forme, généralement mathématique, d'un phénomène (souvent dans son évolution temporelle), censée reproduire le mieux possible à l'intérieur d'un certain domaine de validité la réalité observée ou mesurée. Ainsi, $h = t^2$ est la modélisation la plus simple de la chute d'un objet, dans un domaine d'espace assez réduit pour que la force de gravitation soit pratiquement constante, et dans l'approximation où l'on néglige ces effets correctifs que sont la résistance de l'air, l'entraînement du vent, etc. Elle a, pour les moments à venir, valeur prédictive.

Des modélisations de phénomènes complexes comme l'évolution démographique d'un pays, la trajectoire d'un cyclone, la variation du niveau des océans due à un réchauffement de l'atmosphère, le démarrage et la marche d'un réacteur nucléaire, la collision entre deux galaxies, l'effet du vent sur un pont, le trafic automobile urbain, etc., ne sont réalisables que par l'association de lois physiques et de calculs numériques souvent très lourds. Ceux-ci, que seuls des ordinateurs puissants peuvent effectuer, donnent accès à des *simulations numériques* du phénomène que l'on étudie.

Le langage mathématique possède surtout la vertu, bien plus ample, de nous ouvrir les yeux sur la nature profonde de ces lois[12] et d'inaugurer des champs de recherche vierges[13]. Vertu énigmatique, nous l'avons déjà dit, puisque les mathématiques nous apparaissent à la fois comme la langue maternelle que parle l'univers depuis qu'il est né et comme un produit relativement récent du cerveau humain[14]. Il est d'innombrables cas où celui-ci a créé (à moins qu'il ne l'ait que découvert ?)

---

12. Pour prendre un exemple simple, la loi (expérimentale) de Coulomb — qui exprime la force f entre deux charges électriques q et q' distantes de $r : f = q\,q'/\,r^2$ (en unités adéquates) — porte en elle, dans sa forme mathématique, l'idée physique, presque visuelle, des *lignes de force*. En effet, si la charge q est au centre d'une sphère de rayon R (et de surface $4\,\pi\,R^2$) et si une charge unité est placée sur cette sphère, le vecteur *force*, d'intensité q/R^2, évoque, à titre d'analogie, l'écoulement d'un fluide, à partir du centre, qui aurait une vitesse $K'/\,R^2$ et donc un flux constant $(K'/R^2 \times 4\,\pi\,R^2)$, indépendant de R : les lignes d'écoulement induisent alors assez naturellement, s'agissant du problème des charges électriques, le concept de lignes de force.

On décèle des inductions comparables jusqu'en biologie où « existe un lien de consubstantialité véritable [avec les mathématiques], à l'exemple de celui de la génétique mendélienne mais aussi de celui, moins connu, de la morphogenèse de D'Arcy-Thomson qui a étudié, par des méthodes mathématiques, les différentes formes animales comme moyen de comprendre l'évolution, approche mathématique [qui] a précédé la découverte du mécanisme biologique ». Alain Prochiantz, *Claude Bernard, La révolution physiologique*, Paris, PUF, 1990, p. 33.

13. ... deux aptitudes qui viennent à rebours de l'aphorisme de Schopenhauer : « Où le calcul commence, l'intelligence des phénomènes cesse », cité par Libero Zuppiroli et Marie-Noëlle Bussac *in Traité des couleurs*, Lausanne, Presses polytechniques et universitaires romandes, 2001, p. 267.

14. *Cf.* par exemple Jean-Pierre Changeux et Alain Connes, *Matière à penser*, Paris, Éditions Odile Jacob, 1989.

une branche des mathématiques idéalement adaptée à tel chapitre des sciences physiques, voire humaines, né ultérieurement et auquel elle sert de berceau[15].

On s'émerveille souvent de cette antériorité, parfois très proche, de la découverte mathématique par rapport à celle de l'objet physique correspondant. Cette proximité n'est sans doute pas toujours fortuite. On en trouvera plus loin un exemple, celui des *quasi-cristaux* (p. 202). Des éléments épars de leur découverte physique existaient depuis de nombreuses années mais sans que l'on ait compris l'originalité profonde de l'empilement des atomes dans ces substances. La véritable découverte des quasi-cristaux a suivi de quelques années seulement l'élaboration de l'objet mathématique permettant de les décrire. La raison peut en être qu'il fallait un certain niveau de connaissances mathématiques chez l'expérimentateur pour que la découverte physique s'imposât comme telle à son esprit. Lorsque c'est le cas — ce qui peut donner lieu à un certain décalage temporel entre mathématicien et physicien —, alors le fruit est mûr et on peut le cueillir.

Par échange de bons procédés, il arrive que la situation s'inverse et que ce soit l'objet physique qui induise de nouvelles recherches et de nouvelles découvertes mathématiques. Une bonne partie de l'histoire de la *géométrie différentielle* le montre : ayant précédé la théorie de la

---

15. Que l'on pense, entre mille autres exemples, à l'algèbre linéaire de Hilbert (xixe siècle), cadre idéal pour y insérer la mécanique quantique (xxe siècle). *Cf.* Roger Balian, « Mathématiques et science de la nature », *La jaune et la rouge*, SAX., déc. 1998, p. 41.

relativité, elle a insufflé à celle-ci sa propre vie avant de s'en inspirer elle-même pour son développement ultérieur.

Prises ainsi, en donnant cohérence aux théories physiques, en les reliant les unes aux autres, et surtout en leur conférant une part sensible de leur substance, les sciences mathématiques participent d'une manière essentielle à notre compréhension des objets et des phénomènes de la nature.

Connaissance et ignorance

Et pourtant cette compréhension a ses maillons faibles. Il y a en effet dans les enchaînements que nous venons d'évoquer et d'applaudir quelques tours de passe-passe à saveur tautologique. Ils n'enlèvent rien à la valeur prédictive (fusées, marées, barrages...) de l'édifice mais altèrent la limpidité de la compréhension. N'avons-nous pas expliqué la chute d'une pierre par l'action d'une force et, dans le même temps, défini la force comme étant ce qui fait tomber la pierre ?

Certes, la science contemporaine n'en reste pas à cette sorte de trompe-l'œil qui, deux siècles après Newton, troublait encore un Henri Poincaré[16]. Elle sait s'attaquer patiemment, une à une, aux difficultés conceptuelles de cet ordre qu'elle rencontre. Dans le cas présent, elle a inventé un objet nouveau, le *gra-*

---

16. « Ces difficultés sont inextricables », écrivait-il à ce sujet. Henri Poincaré, *La Science et l'Hypothèse*, Paris, Flammarion, 1902, p. 120.

viton[17], aussi impalpable que l'était la force, rigoureusement défini, susceptible de rendre compte de l'effet d'attraction qu'exercent l'une sur l'autre deux particules, donc aussi deux corps quelconques. Cela étant, lorsqu'on aura — peut-être ; sans doute — découvert expérimentalement le graviton, c'est-à-dire prouvé son existence réelle, matérielle pourrait-on dire, et qu'on aura donc grandement avancé dans la compréhension intime de ce qu'est une force, aura-t-on restreint le champ de notre ignorance (ce qui semble aller de soi) ou l'aura-t-on accru ?

La question, dans sa pointe paradoxale, mérite d'être posée car l'histoire des sciences nous raconte nombre de ces percées qui, résolvant un problème majeur, en ont révélé toute une série d'autres, nouveaux, totalement absents jusque-là de la pensée humaine, comme en une sorte d'arborescence apparemment sans fin. Ainsi de la découverte de l'ADN[18] qui, résolvant le problème de la structure des chromosomes, allait se démultiplier dans l'aventure sans limites de la génétique moléculaire. Ainsi, en particulier, de la découverte du gène qui, dans son

---

17. Dans la vision quantique du champ de gravitation, le graviton est une particule sans masse.

18. Là comme en tant d'autres cas, la découverte crée d'abord l'illusion que tout est compris et que l'on peut porter son regard ailleurs : « La biologie crut l'heure de son achèvement venue après le modèle de Crick et Watson [de la double hélice d'ADN], avec la découverte des gènes régulateurs [...]. D'éminents spécialistes estimèrent alors que l'on savait tout — ou du moins l'essentiel — de la manière dont un gène fonctionne et même des subtilités génétiques qui conditionnent le programme de développement d'une cellule. On vit alors se dessiner un vaste mouvement de report d'intérêt... » François Gros, *Les Secrets du gène*, Paris, Éditions Odile Jacob, Points, 1986, p. 12.

apparente simplicité, ouvre désormais le champ inattendu de sa fonction non pas unique, mais multiple. Ainsi de la découverte récente des planètes extérieures au système solaire qui — objets énormes orbitant à proximité immédiate de leur Soleil — nous révèlent brusquement la minceur de notre savoir sur les systèmes planétaires, trop vite assimilé à notre connaissance du système solaire[19]. Ainsi de la découverte des quanta (Planck, 1900[20]) qui, résolvant le problème dit du « rayonnement du corps noir », allait ouvrir le champ immense de la mécanique quantique.

La lumière et les ombres

Arrêtons-nous un instant sur ce dernier cas. La mécanique quantique constitue en effet l'une des grandes aventures intellectuelles du XXe siècle, la plus profonde peut-être.

Sans entrer ici dans le moindre détail, indiquons que la mécanique quantique remet notamment en cause le concept si familier de *mouvement* d'un objet, au profit de celui de son *état* (appelé « *état quantique* »). Elle ne modifie pas, en pratique, nos visions classiques (notamment newtoniennes) du mouvement des objets de grande masse (ou taille) mais les altère

---

19. Dans le système solaire en effet, les planètes les plus massives (Jupiter, Saturne) circulent au contraire à grande distance du Soleil.

20. Selon Planck, les échanges d'énergie (par exemple de chaleur) d'un corps à un autre se font non pas continûment mais par échanges de petits « paquets » d'énergie appelés *quanta*.

radicalement aux échelles microscopiques (celles des atomes par exemple).

Elle a bouleversé non seulement toute la physique, mais aussi des pans entiers de notre perception du monde. Donnant définitivement raison aux tenants d'une vision granulaire de la matière (Démocrite, Hooke...) auxquels s'opposaient depuis plus de deux millénaires les partisans d'une vision au contraire continue (Parménide, Leibniz...), la théorie quantique a permis de décrire avec un raffinement extrême la structure des atomes, celle des molécules, celle des solides... Confirmée par une nuée de tests expérimentaux rigoureux, elle a volé de succès en succès, résolvant mille problèmes, jusque-là en suspens, touchant à la cosmologie, à l'astrophysique, à la chimie, à la science des matériaux, à l'optique... Nous lui devons l'invention du transistor et celle du laser. Nous lui devons aussi de savoir justifier que la matière ne s'effondre pas sur elle-même[21], et qu'elle a donc cette densité non infinie qui nous est familière ; justification, plus que compréhension, puisque bâtie sur des principes *ad hoc*[22] que, seule, leur efficacité permet de légitimer.

Mais aussi, en résolvant de vieux problèmes, la théorie quantique va en susciter d'autres, radicalement

---

21. Un atome, en particulier, est constitué d'un noyau porteur d'une charge électrostatique positive, entouré d'électrons chargés négativement. Se rappelant que des charges de signes opposés s'attirent, on est conduit à en déduire — dans une interprétation classique, ou préquantique du monde — que les électrons doivent se précipiter sur le noyau, et que chaque atome doit par conséquent s'effondrer sur lui-même, ainsi donc que toute la matière qui aurait alors une densité gigantesque.

22. ... dont en particulier le principe de Pauli (voir p. 147).

neufs : imbriquées dans les solutions, nous découvrons des questions inédites, ardues et déroutantes[23], comme celles qui — débordant du cadre strict des sciences pour aborder celui de la réflexion philosophique — nous obligent à reformuler, en un langage probabiliste, notre conception du déterminisme ; ou comme celles que soulève le lien de cette théorie avec celle de la relativité.

Ne nous étonnons pas que, ici encore, le surgissement d'une neuve lumière soit générateur d'ombres neuves, mais constatons que c'est plus encore ce surgissement lui-même qui taraude nos esprits, les assaillant d'interrogations sur la nature intime et les fondements de ce qui surgit : « Les succès [de la mécanique quantique] [...] n'effacent pas la question douloureuse du sens de la théorie quantique, qui semble un défi lancé à l'esprit humain par sa propre invention[24]. »

L'huile et le flacon

On a longtemps cru que le savoir était à l'image d'une huile précieuse que l'on verserait, au fur et à mesure des découvertes, dans un flacon dont la contenance aurait été fixée une fois pour toutes à l'origine des temps. L'espace encore vide serait alors celui de notre ignorance, laquelle devrait ainsi décroître au fur

---

23. « Le problème, avec cette théorie, c'est qu'elle s'en sort toujours, même au prix de conséquences qui nous paraissent imbuvables. » Albert Messiah, cité par Jean-Louis Basdevant *in* « La mécanique quantique, dogme ou humanisme ? », *Découverte, Revue du palais de la Découverte*, mai 2001, p. 26.

24. *Ibid.*, p. 27.

et à mesure du remplissage. S'entendent ainsi les affirmations optimistes d'un Jean-Baptiste Biot qui écrivait en 1821 que « la progression [de la physique] peut faire regarder l'époque de sa stabilité entière comme peu éloignée de nous[25] », ou celles d'un Lord Kelvin qui plaignait, à la fin du XIXe siècle, les physiciens du XXe pour le peu de travail qu'il leur resterait à faire. On entend des candeurs analogues hors du cadre de la science. Dans sa vision mécaniste radieuse de l'évolution des êtres, Spencer affirmait en 1850 : « Il est sûr que ce que nous appelons le mal et l'immoralité doit disparaître, il est sûr que l'homme doit devenir parfait. »

Or, nous venons d'entrevoir que tout semblait se passer comme si le flacon se dilatait chaque fois que — et du fait que — on le remplissait. Nous voici donc loin du sentiment optimiste précédent d'un proche achèvement. La prudence est désormais de mise : comme si l'on ne savait même plus si l'avancée des connaissances diminue ou élargit le champ de notre ignorance.

Le savoir, procréateur d'ignorance ? Ne sursautons pas trop vite. L'ignorance ici en question n'est pas la morne absence dans notre esprit d'un savoir qui existerait par ailleurs, et moins encore l'exécrable refus de ce savoir[26]. Elle est plutôt la perception d'une terre vierge,

---

25. Jean-Baptiste Biot, *Précis élémentaire de physique*, Paris, Deterville, 1821, p. XIV.

26. Cette ignorance-là, qui est refus, « ne correspond nullement à un état d'innocence primitive. L'homme, à moins d'être un sage, ne confesse pas qu'il ignore. Là où le savoir défaille, la horde des préjugés débarque, et campe insolemment [...]. C'est peu dire qu'ils n'offrent aucune garantie de bénignité ! ». France Quéré, *L'Homme maître de l'homme*, Paris, Bayard, 2001, p. 101.

repérée comme telle, qui demande à être explorée et défrichée, d'un inconnu qui a vocation à être connaissable[27] mais qui aussi, par son horizon fuyant, nous rappelle le caractère mouvant de ce que nous avons à expliquer. Se trouve ainsi relativisée la qualité de notre compréhension à l'ampleur de cette instabilité.

Les problèmes et les mystères

Il y a plus. S'il est en effet bien vrai que la science sait tout, ou presque tout, me dire sur le rougeoiement de ce soleil que je contemple, s'enfonçant dans l'océan, sur l'ample respiration de la houle, sur le parfum des algues et la musique du ressac, tout m'expliquer sur les lucioles qui vont naître bientôt dans le ciel enténébré et sur la Lune qui me rend mon long regard, dans le même temps va-t-elle demeurer muette sur les résonances infinies, sur la joie peut-être ou peut-être les larmes, que fait naître en moi ce spectacle ; et sur la simple conscience que j'en ai. Muette aussi sur les questions ultimes que sans doute il m'inspire ; sur tant de mystères intacts face à tant de problèmes résolus ; sur tant d'interrogations plusieurs fois millénaires[28].

---

27. « Il ne faut pas confondre inconnu et inconnaissable [...]. La visée du scientifique consiste à aller vers l'avenir et à essayer d'explorer des terres qui sont encore indéchiffrées... » Jean-Pierre Changeux, *in* Jean-Pierre Changeux et Paul Ricœur, *La Nature et la Règle*, Paris, Éditions Odile Jacob, 1998, p. 198.

28. « La connaissance scientifique est cernée de frontières infranchissables. » Jean Hamburger, *La Raison et la Passion*, Paris, Seuil, 1984, p. 20.

Car en deçà de la subtilité des quarks[29] et au-delà de la majesté des super-amas[30], elles demeurent, comme à l'orée de la pensée : Pourquoi ce monde ? Pourquoi ses convulsions, pourquoi sa splendeur ? Quelle y est notre place ? Quel notre destin ? Elles demeurent comme au jour où Parménide, s'émerveillant que la réalité prévalût sur le néant, énonce son « *Il y a qu'il y a* » ; et comme au jour encore où, en écho, Heidegger s'interroge : « *Pourquoi quelque chose et non pas rien ?* »

Si, pour nous, comprendre c'est ouvrir ces portes extrêmes, alors n'attendons pas de la science une compréhension du monde. Son ambition est plus limitée. Elle s'attaque à la résolution des problèmes, pas à la recherche du sens. Plutôt qu'à une réponse à nos *pourquoi ?*, demandes d'une explication, plutôt qu'à une réflexion sur les *pour quoi ?* ou sur les *vers quoi ?*, interrogations sur d'éventuelles finalités[31], c'est à une *lecture* qu'elle nous convie, au lent déchiffrage d'un livre dont la langue est une énigme et l'auteur un mystère.

Ambition plus limitée ? À coup sûr, ambition déjà grandiose. Et passionnante obligation, pour nous, d'en faire part, c'est-à-dire de l'enseigner.

---

29. Les quarks sont actuellement les particules les plus ténues de la matière.

30. Les galaxies où, dans chacune, sont rassemblées des dizaines de milliards d'étoiles, se regroupent en amas de galaxies ; et les amas, en super-amas.

31. Voir p. 43.

3

Enseigner

Enseigner la science — notamment à l'école primaire — obéit à trois impératifs : le premier est intellectuel, le deuxième moral, le troisième social. On peut en effet attendre d'elle qu'elle participe à la formation de l'esprit, qu'elle conforte en nous un certain nombre de vertus et qu'elle favorise notre insertion dans ces sociétés, peuplées d'objets techniques et lézardées par tant de violences et tant de sectarismes, qui sont les nôtres. Mais tout d'abord comment enseigner ? Comment naviguer pour éviter les écueils et mener le vaisseau à bon port ?

Bien des formules ont été pratiquées (songeons aux *cabinets de curiosité* et aux *jardins botaniques* du XVIIIe siècle, où l'on apprenait à observer ; rappelons-nous la *leçon de choses* de notre enfance, les *activités d'éveil* de naguère), bien des expériences lancées — souvent réussies —, bien des études pédagogiques réalisées, et l'idée n'est pas d'en faire ici une recension et encore moins une synthèse. Empruntant beaucoup plus simplement quelques sentiers déjà tracés[1], on tentera d'y déceler les principes généraux de ce qui est plus une démarche qu'une méthode.

Parmi ces sentiers, on se propose de suivre celui ouvert par Georges Charpak en 1996 sous le nom de *La main à la pâte*, avec l'aide de Pierre Léna et de l'auteur de ces lignes, tôt rejoints par un groupe d'autres « militants » (enseignants, chercheurs, ingénieurs, étudiants...), et avec le soutien de l'Académie des sciences.

Reprenant avec pragmatisme des idées antérieurement testées dans bien des écoles françaises et étrangères, et notamment aux États-Unis (*Hands on,* Leon Lederman, Karen Worth...), *La main à la pâte* a pour ambition de faire directement participer l'enfant à la découverte des objets et des phénomènes de la nature au moyen d'expérimentations (ou d'observations) très simples au cours desquelles il puisse confronter ses hypothèses avec la réponse expérimentale ; de lui faire ainsi exercer son imagination et son raisonnement ; et, par là, de l'aider à maîtriser son langage[2]. Elle met également à la disposition des instituteurs un certain nombre d'outils de formation et de communication (documentation, mallettes de matériel, site *Internet*

---

1. ... notamment ceux où se découvre une véritable démarche culturelle et où se conjuguent plusieurs disciplines. *Cf.* Claire Monférier, *La Culture au secours de l'école,* Paris, L'Harmattan, 1999.

2. On pourra lire, à ce sujet : *La main à la pâte,* Collectif, présenté par Georges Charpak, Paris, Flammarion, 1996 ; ainsi que divers ouvrages cités en page 207.

reliant les instituteurs entre eux et leur permettant de dialoguer avec la communauté scientifique).

Les réalités

Un principe premier consiste à ramener les enfants[3] au contact des objets et des phénomènes réels de la nature ; *réels*, par opposition au monde des virtualités, des écrans, des reconstructions, mais aussi des modélisations (qu'il utilisera plus tard). Les placer très tôt face à une nature que, souvent, ils ne connaissent plus très bien, la leur donner à découvrir sous ses multiples facettes, les faire — au-delà de la découverte — s'exprimer sur elle et acquérir ainsi la pratique du questionnement et de l'argumentation, voilà ce qu'un certain nombre d'instituteurs pratiquent avec succès, mettant même au placard, durant les séances de science, les ordinateurs que par ailleurs les enfants apprennent (bien heureusement) à utiliser[4].

Que l'on s'entende bien : la « nature » dont il est question ici n'est pas, ou n'est pas seulement, le paradis — quelque peu perdu pour tant et tant d'enfants des villes ou des banlieues — des doux vallons tourangeaux, des granits bretons, des torrents du Morvan ou des échappées majestueuses des Cévennes. Elle est tout cela.

---

3. Notons que l'« enfant », ici, ne désigne pas forcément une tranche d'âge limitée. Bien des adolescents, voire des adultes, gagneraient à retrouver, en face de la nature, la fraîcheur et la capacité à l'émerveillement de leurs jeunes années.

4. Mettre les enfants et le public au contact des réalités de la nature, c'est aussi la mission des musées (voir p. 208).

Mais bien plus encore est-elle l'ensemble des objets et des phénomènes au milieu desquels nous vivons, modestes ou imposants, visibles ou imperceptibles. La nature, pour l'enfant, c'est l'eau bien présente du ruisseau ou celle qu'il boit, mais aussi l'impalpable lumière qui la traverse sans y laisser de traces ; c'est cette boule d'argile qu'il sculpte, mais aussi la force qu'il exerce sur elle ; c'est la vie qui, dans toutes ses métamorphoses, bruisse autour de lui, mais aussi l'émouvant code génétique[5] qui les relie toutes à nos ancêtres cellulaires les plus anciens ; c'est la silencieuse présence des planètes et des astres qui peuple ses nuits, mais aussi cette universelle autant qu'invisible gravitation qui les couple mystérieusement les uns aux autres.

En aurons-nous fini avec la nature lorsque sera achevé l'inventaire de tous ses éléments et de tout ce qui les lie entre eux ? Eh bien, non ! La nature est bien plus riche que la somme de tout ce qui la compose. C'est en tout cas ce que nous raconte son étymologie : *natura* n'est-il pas le participe futur de *nasci*, naître, et la nature n'est-elle pas moins ce qui *est* que ce qui *est à naître*[6] ? La nature que la science nous appelle à contempler, à tou-

---

5. La longue chaîne d'ADN, porteuse des gènes, est constituée par la succession d'environ trois milliards de molécules, dites *nucléotides* (de quatre types seulement, nommés A, T, G, et C), qui s'accrochent les unes aux autres dans un ordre précis. Le *code génétique* est l'ensemble des instructions qui, à partir d'une série de trois « lettres », successives (par exemple C A T), permet à la cellule de fabriquer un élément (l'*histidine* dans le cas présent) d'une protéine donnée, nécessaire à la vie. Il est remarquable que ce code soit le même pour pratiquement tout le monde vivant, végétal et animal, des microorganismes à l'homme.

6. Même participe futur, et même projection vers l'avant, dans le mot *culture* (p. 16).

cher et à découvrir, est donc celle aussi à laquelle nous sommes invités à rêver. Au-delà de ce que les sens, relayés par l'esprit, nous apprennent d'elle, il nous faut relayer l'esprit par l'imagination. Et au-delà de ce monde *présent* que nous observons, la science attend de nous que nous accompagnions, par la pensée, la nature dans son propre devenir. Ainsi pourrons-nous nous imaginer son *futur* immédiat en une hypothèse dont on confirmera, ou dont on infirmera, le bien-fondé par une expérimentation simple, ou par une observation. Celle-là prévaudra dans l'étude de la matière, celle-ci dans l'étude du vivant, comme dans celle de l'astronomie qui se révèle « un lieu d'émerveillement pour l'enfant, et pour ceux qui sont restés enfants toute leur vie, ceux-là qui n'ont jamais cessé de tressaillir intérieurement lorsqu'une éclipse obscurcit le ciel ou voile la Lune, ceux-là qui ne cesseront jamais de s'émouvoir devant la nuit étoilée où murmurent les grillons et tournent lentement les constellations[7] ».

La science n'est ainsi ni plus ni moins que ce qui apprend aux enfants à *observer*, à *imaginer*, à *s'émerveiller*, à *expérimenter*, à *argumenter* et à *s'exprimer*, face au monde réel, les faisant par là entrer en étroite connivence avec lui.

Ni plus, car cette démarche est celle de tout esprit curieux qui, d'une certaine manière, ignore, sait qu'il ignore et ne s'en satisfait pas. Tel est le « savant ». Tel est aussi l'enfant lorsqu'il nous mitraille de ses questions. Tel est enfin l'instituteur lorsque, recevant ces

---

7. Pierre Léna, Préface de Mireille Hartmann, *L'Astronomie est un jeu d'enfant*, Paris, Le Pommier-Fondation des Treilles, 1999.

questions, en elles il reconnaît les siennes et accepte de les accompagner (plutôt que de les révoquer) avec confiance et — pourquoi pas ? — candeur.

Ni moins, car créer cette intimité entre la nature et l'enfant et mener celui-ci à une relation directe avec elle, plutôt que purement livresque et surtout télévisuelle, est tâche sérieuse et captivante. Par l'attrait qu'ils y ont eux-mêmes trouvé, par la découverte souvent inattendue qu'ils y ont faite d'une dimension nouvelle du monde, cette incursion dans le champ de la science expérimentale a mené bien des instituteurs plus loin qu'ils ne l'avaient envisagé au départ. Je n'en connais pas qui l'aient regretté.

Un enseignement des sciences

Concrètement, de quelle manière cet enseignement peut-il être mené dans la classe ? Voici comment l'on peut (et non pas *l'on doit*, car d'autres approches sont bien sûr possibles) s'y prendre en pratique, compte tenu de la nécessaire maîtrise par l'instituteur de sa classe, des présupposés des enfants tels que lui les connaît, et des distorsions entre le sens qu'ont les mots pour lui et celui qu'ils prennent pour eux : « Les différentes études de psychologie génétique, de diverses sciences cognitives, puis de didactique des sciences, ont montré que le mode de pensée de l'enfant et de l'adolescent n'est pas celui de l'adulte "en raccourci" mais qu'il est tout autre [...]. Notre enseignement repose sur des évidences qui ne le sont que pour le professeur. » Celui-ci parle-t-il de cellules ? Cela peut donner le dialogue qui suit :

« *L'élève* : À quoi sert un globule rouge ?

Le maître : Ce sont des cellules qui transportent l'oxygène.

L'élève : Alors, les globules rouges, c'est des sortes de bulles d'air[8]. »

Tout peut débuter par l'un des innombrables « Comment ? » ou encore l'un de ces « Pourquoi ? » que les enfants nous adressent jour après jour. En choisissant avec soin l'une de ces questions[9], le maître, se gardant momentanément d'y répondre, peut la renvoyer à la classe sous forme d'un : « Et vous, qu'est-ce que vous en pensez ? »

C'est là que commence, dans l'esprit des enfants, le travail de l'imagination qui va les mener sur des pistes souvent inattendues, possiblement naïves et erronées, qui seront autant d'*hypothèses* que le maître[10] consignera, peut-être au tableau noir, sans donner à l'une le moindre pas sur l'autre (sauf absurdité notoire qu'il convient de démolir d'entrée de jeu).

Vient alors le moment de vérité, laquelle ne peut sortir que de la bouche de Dame Nature en personne : c'est celui de l'expérience. Celle-ci sera réalisée avec un

---

8. André Giordan, *Une didactique pour les sciences expérimentales*, Paris, Belin, 1999, p. 42.

9. Il faut assurément tenir compte dans ce choix de ce que les questions des enfants n'ont pas toutes une portée scientifique. Certaines (parmi celles, notamment, suscitées par les jeux télévisés) sont sans pertinence, d'autres sans réponse simple. *Cf.* Jean-Pierre Sarmant, *Du questionnement à la connaissance en passant par l'expérience*, Séminaire DESCO, Gujan-Mestras, fév. 2001.

10. *Le maître* est évidemment ici un substantif neutre. En fait il s'agit en majorité de maîtresses. Même remarque, bien sûr, pour *l'instituteur*.

appareillage modeste, simple, dont l'ensemble doit être accessible aux sens et à la compréhension immédiate de chacun (absence de toute « boîte noire » et notamment de tout écran d'ordinateur ou de télévision). C'est bien sûr en ayant prévu cette expérience que le maître aura fait son choix parmi toutes les questions (et qu'il aura même peut-être fait habilement affleurer celles-ci à la bouche des enfants).

L'expérimentation, menée par petites tables, sera telle que chacun ait la possibilité d'y participer, peut-être de la modifier et de l'améliorer. Confrontée à certaines des hypothèses, elle pourra donner lieu à cette dialectique entre activités cérébrales et activités sensorielles, entre la tête et les mains, qui est le moteur même de toute recherche scientifique. Bien prévue et bien organisée, elle donnera finalement la réponse à la question posée[11], tranchant sans ambiguïté[12] parmi les hypothèses.

Arrive enfin le moment, essentiel, de l'*expression*. Elle sera *orale* lorsque le maître fait faire à l'un des

---

11. Il arrive que la réponse tarde à venir, soit que l'expérience ait été maladroitement réalisée, soit que ses conclusions soient ambiguës. Il conviendra alors que ladite réponse soit donnée *ex cathedra*, l'enfant ne devant pas rester sur sa faim.

12. Dans une classe de cours préparatoire, 24 élèves, l'institutrice a procédé à un sondage auprès des enfants au sujet de l'*air*. Aux énoncés suivants : *À ton avis, il y a de l'air 1) dans la cour, 2) dans la classe, 3) dans l'armoire, 4) dans ton corps, 5) dans une bouteille vide de liquide, 6) dans un verre vide de liquide*, les six réponses, en *oui/non*, sont respectivement : 22/2, 5/19, 4/20, 22/2, 9/15, 10/14. On passe alors à l'expérimentation. Elle est particulièrement convaincante puisque, après coup, les réponses aux mêmes questions (toujours en *oui/non*) sont devenues : 24/0, 24/0, 23/1, 24/0, 21/3, et 23/1.

enfants un court exposé sur la petite aventure que la classe vient de vivre collectivement ; *écrite* lorsqu'il demande à chacun de la relater sur son « cahier d'expériences ».

L'ensemble de ce qui précède aura duré le temps d'une leçon, soit une heure environ, et aura, le plus souvent, comblé les enfants : « Ma conviction [concernant l'enseignement des sciences] a été forgée en une journée en voyant, dans un ghetto de Chicago, des enfants aux yeux pétillants de plaisir découvrir le monde et ses lois en manipulant des objets simples bien choisis, en discuter entre eux puis avec la maîtresse, en décrivant par l'écriture et le dessin leurs observations, en s'imprégnant des concepts dont les scientifiques qui avaient imaginé les expériences voulaient qu'ils prissent conscience[13]. »

La musique et le pendule

Sans doute convient-il de donner ici un exemple. Je l'emprunterai à une classe d'école rurale (enfants de huit ans environ) pratiquant *La main à la pâte*, où il m'est arrivé d'assister à une leçon à mon sens exemplaire.

Une question initiale d'élève, posée quelques jours auparavant, avait porté sur la signification du mot « rythme ».

---

13. Georges Charpak, *Enfants, chercheurs et citoyens*, Paris, Éditions Odile Jacob, 1998, p. 12.

Après avoir fait entendre aux enfants quelques mesures d'une musique bien adaptée (du rock, en l'occurrence) et fait remarquer la répétitivité du battement sonore, après l'avoir judicieusement comparée à celle des arbres le long de la route (heureuse région de France où ceux-ci n'ont pas encore été abattus !), l'institutrice avait distribué à chaque table (de cinq enfants environ) une boîte de ficelles, une autre de poids, un chronomètre, enfin une petite potence en bois. Chaque groupe devait construire un pendule avec les matériaux de son choix (ici fil fin, là grosse ficelle ; ici masse lourde, là légère...) et, ayant remarqué la répétitivité de l'oscillation — évocatrice du rythme musical — en mesurer la *période* (c'est-à-dire la durée d'aller et retour d'une oscillation). Un enfant avait rapidement fait à voix haute la remarque que « cela marcherait mieux si l'on faisait la mesure sur dix battements et que l'on divisait le temps trouvé par dix ». Tout le monde avait acquiescé et avait adopté cette procédure, touchant là du doigt la notion de précision des mesures et celle d'erreur expérimentale.

Premier étonnement d'ensemble : les périodes sont nettement différentes d'une table à l'autre alors que certains s'attendaient à trouver une sorte de *période universelle* commune à toute la classe. D'où la question bientôt posée : « Pourquoi ces différences ? » Surgissent aussitôt, suscitées par l'institutrice, les hypothèses, toutes prises en considération : ce qui joue, c'est *l'épaisseur* de la ficelle, c'est la manière de *lancer* le pendule, c'est *le poids* (et même, dira un petit garçon, sa *couleur*), c'est la façon de faire *le nœud*... Il faudra attendre un certain temps pour qu'une fillette, regardant les pendules, énonce qu'« il y en a des grands et des petits » : *la longueur,* écrira l'institutrice au tableau, concluant la liste d'une dizaine d'hypothèses, liste parmi laquelle *le poids,* comme on s'y attend, rallie le maximum de suffrages.

La suite, on la devine : les enfants commencent à jouer avec ficelles et poids et à faire varier tous les paramètres à la fois et, bien sûr, ils s'égarent. C'est alors à une petite fille (encore une[14]) que reviendra d'observer, au bout d'un certain temps, songeuse, que : « Maîtresse, on devrait pas faire tout en même temps ! » Derrière la phrase maladroite, tout s'éclaire : il faut « isoler les paramètres ». Et voilà chaque groupe reprenant l'expérimentation en s'astreignant, maintenant, à ne modifier, dans le pendule, qu'une de ses caractéristiques à la fois. Après quelques minutes, le groupe le plus habile, ou le plus chanceux, donnera la réponse : c'est la longueur, et rien d'autre, qui est en cause.

De cette séquence admirablement pilotée par une institutrice discrète mais meneuse inflexible du jeu, les enfants auront certes engrangé un petit fragment de la mécanique du pendule et découvert la surprenante non-influence du poids sur la période. Réjouissons-nous, encore qu'ils l'oublieront peut-être. Mais bien plus encore auront-ils appris — et cela, que la maîtresse a commenté, ils se le rappelleront sans doute pour la vie — que tout problème réel, d'ordre physique, mais aussi

---

14. Ce sont souvent elles, semble-t-il, dans les classes, qui font les remarques les plus réfléchies, les garçons étant peut-être plus prompts à manipuler, et enclins à affirmer péremptoirement.

sociologique, biologique, médical, politique, économique, climatique... dépend de mille paramètres enchevêtrés qu'il convient de démêler avec patience, sauf à donner dans le confusionnisme et peut-être à succomber aux diverses manipulations dont nous sommes l'objet.

Le lecteur français se rappellera peut-être un fait divers caractéristique à cet égard. Au printemps 1999, le bruit se répandit qu'une certaine boisson, brune, sucrée et gazeuse, était néfaste pour l'estomac. Ceci est bien possible et l'auteur de ces lignes est tout disposé à le croire. Mais la « preuve » donnée était ahurissante de légèreté. En effet chaque jour, durant une semaine environ, les media, écrits ou parlés, annoncèrent le nombre de ceux qui, la veille, s'étaient rendus à l'hôpital, souffrant de maux d'estomac après avoir absorbé de ladite boisson : soit 423 ce jour, 657 hier, et demain ce sera 559. La précision toute « scientifique » de ces données ne pouvait qu'emporter l'adhésion : les ventes chutèrent brutalement, un directeur haut placé fut licencié. Fort bien ! Mais ce qu'il en était des millions de nos compatriotes qui avaient bu et n'avaient pas eu mal à l'estomac, comme des millions de ceux qui n'avaient pas bu et qui s'étaient réveillés avec un quelconque « mal au ventre », personne ne s'en soucia. Et pourtant, ces millions-ci face à ces centaines-là eussent immédiatement dénoncé l'inanité de toute cette agitation.

Il y a tant de choses à voir...

On multiplierait sans peine les exemples de phénomènes certes intrinsèquement complexes mais pouvant donner lieu, pour des enfants, à l'aide de matériels rudimentaires, à une démonstration ou à une analyse simples et à un travail stimulant, comme c'était le cas à l'instant pour le pendule. On lira ceux qui suivent[15] — pris au hasard dans une liste sans fin — sans oublier que chacun d'entre eux doit faire partie du programme scolaire et être, dans la classe, cadré à l'intérieur d'un thème structurant (*les plantes, la matière, la lumière...*) courant le long, par exemple, d'un trimestre.

... en classes maternelles...

L'observation des ombres par une journée ensoleillée, et la constatation de leur évolution au fil des heures ;

l'attraction, ou la répulsion, mutuelle de petits aimants de papeterie, induisant le concept d'action à distance ;

la montée d'une eau colorée dans la tige d'une marguerite, puis sa répartition dans les pétales, observée sous une loupe, dessinant le fin réseau des nervures ;

la non-pénétration de l'eau dans un verre plongé — retourné — dans une bassine pleine, visualisant la présence de l'air dans le verre ;

le développement de la vie (apparition d'animalcules) à partir de plantes aquatiques cueillies à la rivière et disposées dans un aquarium ;

---

15. Tous exemples d'expériences, pratiquées selon les principes de *La main à la pâte*, auxquelles l'auteur a assisté lors de visites d'écoles.

l'analyse, à l'aide d'un petit prisme, de la lumière solaire en ses couleurs élémentaires, que l'on recomposera ensuite par mélange de ces couleurs...

... en classes primaires...

L'étude des conditions de développement d'une plante en fonction de la luminosité, de la température, de l'hygrométrie... ;

l'observation des rouleaux qui se forment dans un bain d'huile légèrement chauffé par en dessous et leur lien analogique avec certains grands phénomènes climatiques ;

la recherche de fossiles (notamment en région calcaire) et les réflexions qu'ils suscitent quant à l'évolution des espèces ;

l'étude de l'effet de serre, et des paramètres qui influent sur lui, à l'aide de mesures de températures dans des aquariums de récupération retournés et exposés au soleil ;

les essais de filtrage d'une eau « salie » à dessein par divers éléments (solubles ou non) et l'examen des capacités dépolluantes des filtres employés ;

l'observation de matériaux courants (métaux, bois, plastiques...) quant à leur dureté, leur fragilité, leur densité, leur capacité à se déformer, à conduire l'électricité... ;

la dissolution de sel dans l'eau et la mesure, par pesée, de la conservation de la matière ; puis, lors du chauffage d'une telle saumure, l'observation sous une loupe de la réapparition du sel sous forme de cristaux de géométrie bien définie ;

*« Un enfant réussit mieux à l'école s'il sent
que ses parents s'intéressent à ses apprentissages »* (p. 73).
Premier grand prix de mathématiques. « M. Isidore Cabuchet,
déjà neuf fois nommé !... (M. Cabuchet ne peut plus contenir
les larmes d'attendrissement qui inondent décidément son nez
paternel) ». Honoré Daumier, *in Professeurs et moutards*,
Éd. Michèle Trinkvel, 1969, p. 12.

la pesée, à l'aide d'une balance rudimentaire, sans doute construite en classe avec des tiges de Meccano ou de Lego, d'un objet initialement dans l'air, puis plongé dans l'eau, évidence de la poussée d'Archimède ;

la réflexion d'un fin pinceau lumineux (celui, par exemple, d'un pointeur laser manipulé bien sûr par le seul maître) sur un miroir, l'observation de l'égalité des angles d'incidence et de réflexion, suivie d'une incursion dans la géométrie (mesures d'angles, notion de bissectrice...) ;

la mise en évidence expérimentale d'une loi linéaire en mesurant la hauteur de chute et la hauteur de rebond d'une balle de tennis, et en reportant sur un graphe l'une en fonction de l'autre ; ou en mesurant l'allongement d'un élastique en fonction du poids suspendu ;

la réalisation par les enfants d'un petit « radeau à réaction » propulsé par le jet de vapeur s'échappant d'une boîte à eau (du type boîte à thé) percée latéralement et chauffée par une bougie fixée sur le radeau, illustrant le principe d'action et de réaction ;

la mesure de la « durée de vie » de bulles de savon entre leur création par soufflage et leur éclatement, avec tracé des histogrammes correspondants et calcul de la durée de vie moyenne, montrant comment celle-ci dépend de la teneur en savon, de la température... ;

au cours d'une excursion en montagne, la mesure des variations de la pression atmosphérique, ainsi que de la température d'ébullition de l'eau, en fonction de l'altitude ;

le rapprochement entre l'observation d'une onde se déplaçant sur un liquide (« ronds dans l'eau ») et l'écho d'un cri poussé face à un mur, introduisant l'enfant à la notion de propagation ;

la mise en contact d'une Afrique et d'une Amérique du Sud en papier découpées à partir d'une carte, puis la recherche de leur emboîtement originel suivie d'une réflexion sur la *dérive des continents* de Wegener, voire sur la tectonique des plaques.

... et tant de choses à apprendre

Ce type d'enseignement des sciences, où l'expérimentation tient une place centrale, vient d'être décrit avec quelques détails dans le cas de l'école primaire. Est-il nécessaire de dire qu'il peut être accompagné en famille, par les parents ou les frères et sœurs aînés ? « Un enfant réussit mieux à l'école s'il sent que ses parents s'intéressent à ses apprentissages, et s'il arrive à tisser des liens, même ténus, entre ce qu'il apprend à l'école et ce qu'il vit à la maison [...], si du moins les deux mondes ne s'opposent pas comme deux mondes de sens opposés[16]. »

Peut-il être adapté aux enseignements ultérieurs, université comprise ? Sans doute en partie, mais qu'il soit clair ici qu'il ne saurait, à ces niveaux, occuper tout l'espace dédié aux sciences, au risque alors d'une extrême minceur de l'acquis final et d'une absence, totalement fallacieuse, du formalisme mathématique. Reste donc entière la place d'un enseignement magistral, plus classique, où les concepts sont présentés, expliqués, discutés — et la plupart des réponses données — par l'enseignant ; et où le collégien, le lycéen, l'étudiant ont à acquérir par le travail, et « la tête entre les mains », ces concepts dans leur expression parfois rugueuse et souvent abstraite : pas de savoir ni de culture sans effort.

---

16. Sophie Ernst, *in Enfants, chercheurs et citoyens*, sous la direction de Georges Charpak, Paris, Éditions Odile Jacob, 1998, p. 265.

Il demeure que, pour un enfant, demain un adulte, avoir rencontré la science et acquis des connaissances par un contact sensoriel avec la nature, imbriqué dans une réflexion où se conjuguent imagination et raisonnement, devrait constituer pour lui — notamment dans le cas où il n'aura plus de relation directe avec cette discipline — un viatique de choix pour toute sa vie mentale[17].

Mais n'était-il pas également question, au début de ce chapitre, d'implications morales ?
Venons-y.

———————————

17. ... et pour sa vie tout court. Notre rapport avec la médecine, en particulier, ne serait-il pas plus naturel et plus confiant, de part et d'autre, si nous avions un minimum de connaissances d'anatomie et de physiologie permettant, entre médecin et patient, un dialogue éclairé ?
À titre d'exemple, il semble acquis que le XXIe siècle sera celui des maladies chroniques. Elles concernent déjà, dans certains pays européens, 80 % des consultations médicales et sont liées aux modes de vie dans les pays industrialisés (maladies cardio-vasculaires, diabète, hypertension artérielle...). La médecine doit donc concevoir des stratégies pédagogiques permettant aux patients de mieux connaître leurs maladies et d'apprendre à gérer eux-mêmes leur traitement. Les expériences actuellement menées à ce sujet, notamment en Suisse, montrent que la diffusion de ces nouvelles pratiques est freinée par l'ignorance, en biologie, de la plupart des patients ainsi que par leur inappétence face à un enseignement minimal, considéré comme encore trop scientifique. *Cf.* Jean-Philippe Attal, « Traitement des maladies de longue durée : de la phase aiguë au stade de la chronicité », *Encyclopédie médico-chirurgicale*, Paris, Elsevier, 1996.

4

Éduquer

Tout enseignement que nous recevons nous relie à l'immense procession des femmes et des hommes qui nous ont précédés et qui, défrichant hier leurs terres vierges, nous confèrent la *vertu* — c'est-à-dire la force — de défricher aujourd'hui les nôtres. Ainsi, apprendre à lire et à écrire, c'est acquérir l'héritage de dizaines de siècles de pensée, de création et de littérature, en même temps que la vertu de communiquer, aujourd'hui, avec autrui. Apprendre la géographie, c'est entendre au fond de soi la clameur antique des navigateurs découvrant un nouvel archipel, en même temps que faire siens le désir de connaître aujourd'hui notre Terre et la vertu de vouloir aujourd'hui la protéger des agressions.

Dans la liste — que chacun prolongera à son gré — de nos apprentissages, celui des sciences n'échappe pas à ce double statut : lieu d'écoute de ces vénérables questions que l'homme, depuis qu'il est homme, se pose sur le monde, la science est aussi une permanente réactualisation de ces questions ainsi qu'un formidable outil pour le modifier, voire le maîtriser.

Elle est donc, elle aussi, porteuse de vertus. Non pas qu'elle recèle en elle-même la moindre valeur éthique : « Pour la pierre lancée en l'air, retomber n'est pas un mal, pas plus que s'élever n'est un bien[1]. » En revanche, l'enseignement que nous en recevons, les comportements qu'elle induit, les modes de pensée qu'elle requiert, tout cela est susceptible de modifier notre vision du monde et nos conduites, tout cela est susceptible de véhiculer des vertus au sens qui vient d'être dit. J'en propose ici quelques-unes, en précisant d'entrée de jeu que, tout en les tenant pour consubstantielles à l'esprit scientifique, je ne prétends nullement que les scientifiques, eux, les pratiquent à tout instant. Ils en sont même parfois bien loin. En tout cas suis-je convaincu que, lorsqu'ils les bafouent, ils se mettent en contradiction avec leur propre discipline.

Le respect des vérités

Il est heureux que nos philosophies aient relativisé ce concept de vérité, difficile et dangereux, au nom duquel tant de violences ont été perpétrées, et tant de crimes commis. La prétention humaine — qui a pu

---

1. Marc Aurèle, *Pensées pour moi-même*, Paris, Arléa, 1992, p. 135.

être de l'ordre du politique, du religieux, de l'économique, ou du scientifique — à détenir *la* vérité du monde, de l'homme, de la conscience, appartient désormais à des domaines que l'on peut juger soit intolérables soit ridicules.

Mais on est allé si loin dans cette direction que, soumis à l'antique question « Qu'est-ce que la vérité ? », nous restons plus cois que jamais tandis que fleurissent autour de nous ces affirmations molles et faussement libératrices, entendues chaque jour : « À chacun sa vérité ! », ou « La vérité ? Ma liberté »... sans oublier l'inévitable « Tout est relatif ».

Face à cette exacerbation du subjectivisme, la science ne nous révèle certes pas *la* vérité, mais elle nous dit qu'il y a *de la* vérité, ou *des* vérités, dans le monde, et qu'elle porte en elle de l'universel. La température n'évolue pas lorsque l'eau bout, malgré la chaleur que le réchaud continue de fournir. La pierre lâchée ne remonte pas vers le ciel : elle tombe, et elle tombe aussi bien à Valparaiso qu'à Tombouctou, à Sarcelles qu'à Neuilly. Le Soleil parcourt le ciel de gauche à droite dans l'hémisphère Nord et de droite à gauche dans l'hémisphère Sud, et non l'inverse.

Un historien grec rapporte à ce sujet que « d'antiques navigateurs carthaginois, menés par Hannon au Ve siècle avant J.-C., ont prétendu avoir contourné l'Afrique. Ce sont des affabulateurs, ajoute-t-il en substance. La preuve qu'ils mentent, ils la donnent eux-mêmes puisqu'ils racontent avoir vu le Soleil tourner de droite à gauche, ce qui est absurde et jette un soupçon radical sur tout le reste de leur récit[2] ». Très bien, Monsieur l'Historien, votre argumentation est justifiée par la science et donc convaincante, du moins pour vos contemporains du bassin méditerranéen. Elle l'est moins aujourd'hui. En rapportant ainsi l'observation des navigateurs, sans doute stupéfiante à leurs yeux, vous nous donnez, à nous, la preuve qu'ils avaient effectivement contourné l'Afrique ou, au moins, dépassé l'équateur.

Ainsi va la science, en ses affirmations tranquilles et indéniables. Ainsi nous apprend-elle que le vrai existe ; qu'il est souvent caché dans les replis de la nature ; que c'est l'honneur de l'homme d'aller l'y dénicher ; que — d'acquis de l'électromagnétisme en données de la physiologie, de nature quantique de l'atome en unicité du code génétique... — il structure notre esprit, notre vision du monde, notre insertion dans celui-ci, et donc toute notre vie.

L'enfant, dans son statut d'adulte à venir, a besoin au fond de lui de repères mentaux stables, disons de certitudes. Celles-ci peuvent être d'ordre affectif (espérons ainsi, pour lui, que la pensée « Mes parents m'aiment » est l'une d'entre elles), d'ordre esthétique, d'ordre religieux, peut-être déjà d'ordre politique. La science lui en procure de supplémentaires, faites d'un autre métal et qui, reliant entre elles mille facettes éclatées de la réalité, ont tout pour l'ouvrir très concrètement au sens du global et de l'universel.

---

2. Cité à l'auteur par Pierre Averbuch.

La vertu de modestie

Nous avons assisté[3] au tournant que prend la science à la fin de la Renaissance lorsque Galilée s'interroge sur la chute des corps : « À quelle vitesse tombent-ils ? Comment évolue cette vitesse ? » Il sait qu'Aristote a déjà répondu partiellement à ces questions : « La vitesse de chute est constante pour un corps donné et elle est d'autant plus grande que sa masse est plus grande », mais en tirant sa réponse de sa seule réflexion, la tête entre les mains et les yeux fermés pourrait-on dire. Lui, Galilée, décide que les réponses, c'est à la nature elle-même de nous les donner, et non au génie de l'homme seul devant son écritoire. Interroger la nature devient, à ce moment, l'acte fondateur de la science moderne, à travers la méthode expérimentale. Interroger la nature sur la chute des corps, c'est faire tomber un objet, mesurer sa vitesse et traduire cette mesure en une loi. C'est aussi en lâcher deux simultanément, s'apercevoir qu'ils arrivent au sol ensemble et, au passage, contredire Aristote.

Même si l'expérience et la mesure requièrent souvent de l'homme une extraordinaire virtuosité ; même si la loi s'exprime dans un langage mathématique certes intrinsèque à la nature mais, aussi, recréé par le génie propre de l'homme ; même si c'est l'homme qui a l'initiative des questions ; même si

____

3. Voir p. 25.

c'est un prodige[4] d'en savoir tant à partir de si peu[5] ; même si..., il reste que la démarche expérimentale confère à la science une vertu de profonde *modestie*. L'homme de science est non plus celui qui dit de son propre chef et du haut de son empyrée ce qu'est la nature, ou comment elle fonctionne, mais celui qui se met patiemment, humblement, scrupuleusement, à son écoute et à son observation, et qui traduit fidèlement à destination des autres hommes, sans fioritures ni ajout personnel, ce qu'il a perçu d'elle, ce qu'il peut *dire* sur elle : « Il est faux de croire, écrit Niels Bohr, que le rôle de la physique soit de découvrir ce qu'est la nature. Elle a seulement pour objet ce que nous pouvons en dire. »

----

4. Elles sont prodigieuses assurément les facultés mentales de l'homme si on les jauge à l'aune de son capital génétique qui, parmi le monde vivant, n'a rien d'extraordinaire : « L'originalité biologique de l'homme est mince, perdu dans une rubrique microscopique de l'arbre gigantesque des organismes vivants [...], perdu aussi du point de vue des échelles de temps puisqu'il n'apparaît qu'à la dernière minute de l'histoire de la vie. » François Amblard, *in Connaître*, n° 10, nov. 1998, p. 74.

Cette échelle apparaît bien si, par la pensée, on condense sur une année l'histoire de la Terre, celle-ci se formant le 1er janvier et notre temps présent se situant le 31 décembre à minuit. Dans ce repère, la vie émerge dès le mois de mars, les mollusques apparaissent au début d'octobre, les vertébrés le 3 décembre, les mammifères le 17. Les ammonites et les dinosaures s'éteignent brusquement la veille de Noël. L'australopithèque entre en scène le 31 vers 17 h 30, l'homme de Neandertal à minuit moins dix, et Phidias dessine le Parthénon 15 secondes avant minuit.

5. Sait-on que « si par la pensée nous mettons côte à côte tous [...] les télescopes existant sur cette planète, la surface totale de captation de lumière qu'ils offrent aux étoiles, toutes longueurs d'onde confondues, ne dépasse guère celle de la place de la Concorde » ? Pierre Léna, « Une incertaine place dans l'Univers », *La Vie des sciences*, tome 12, 1995, p. 120.

Si la science, au fond d'elle-même[6], est modeste, alors elle devrait être pour l'enfant école de modestie, c'est-à-dire de respect devant les faits, de confrontation permanente entre sa propre pensée et ceux-ci, de refus des idées toutes faites ou « prêtes à porter », de mise en doute d'une vision *a priori* que l'on peut avoir du monde et des êtres, enfin de capacité à dire « *Je ne sais pas...* » lorsqu'on ne sait pas, capacité assez rare — reconnaissons-le — au sein de l'espèce humaine, mais capacité profondément scientifique, du moins si l'on ajoute « *... mais je voudrais savoir* ».

Le sens de la justesse

C'est de la justesse du raisonnement, ou encore de la rigueur d'esprit, qu'il s'agit ici, celle que Descartes nous enseigne, celle qui engendre l'esprit du classicisme, celle qui nous vaut le dessin des jardins à la française ou la règle des trois unités. Cette vertu est la fille des deux précédentes car il faut, pour l'exercer, et la volonté de distinguer le vrai du faux, et cette humilité face aux faits et aux réalités qui nous incite à nous incliner devant eux. Comment ne pas ajouter ici que cette *justesse* est la voie d'accès naturelle au sens de la *justice*, lequel n'est pas inné et a besoin d'être éduqué ?

---

6. Il s'agit d'elle en effet. Est-il bien nécessaire de préciser ici que *l'homme de science*, quant à lui, se comporte comme tout un chacun ? Celui-ci est peu sûr de lui et foncièrement modeste, celui-là conscient de sa valeur mais simple et accueillant, cet autre enfin, prétentieux et arrogant, sorte de Monsieur Jeusaitou qui ne rend guère aimable la science aux yeux de ceux qui, au bord de la route, le regardent passer.

« *Juteuses confusions sémantiques, astronomie/astrologie...* » (p. 83).
Gravure de Gustave Doré, *Les devineresses*, *Fables* de La Fontaine,
Hachette, 1868, p. 444.

... Une femme, à Paris, faisoit la pythonisse :
On l'alloit consulter sur chaque événement ;
Perdoit-on un chiffon, avoit-on un amant,
Un mari vivant trop au gré de son épouse,
Une mère fâcheuse, une femme jalouse ;
    Chez la Devineuse on couroit
Pour se faire annoncer ce que l'on désiroit.
    Son fait consistoit en adresse :
Quelques termes de l'art, beaucoup de hardiesse,
Du hasard quelquefois, tout cela concouroit,
Tout cela bien souvent faisoit crier miracle.
Enfin, quoique ignorante à vingt et trois carats,
    Elle passoit pour un oracle...

Apprendre des sciences c'est, pour l'enfant, se soumettre à l'hygiène de la rigueur. Extrême s'il s'agit de mathématiques, elle ne lui est pas moins nécessaire dans son approche des sciences naturelles. En retour, la démonstration expérimentale, chaque fois qu'elle est possible à l'école, aiguise sa rigueur puisqu'elle dessine, pour lui, la frontière entre la réalité et l'illusion. Non, il n'est pas vrai, si je le mesure, que le Soleil soit plus gros au crépuscule qu'à midi, quelle qu'en soit mon impression. Non, il n'est pas vrai que la période du pendule dépende de sa masse, malgré l'intuition que j'en ai. Non, il n'est pas vrai que cette plaque de métal, dans la salle de classe, soit plus froide que cette planche de bois, même si le toucher m'invite à le croire.

L'adulte que deviendra cet enfant va être soumis, sa vie durant, à mille et un arguments et contre-arguments, sondages et enquêtes, vérités mais aussi pseudo-vérités, entreprises sectaires, juteuses confusions sémantiques (magnétisme-magnétiseurs, astronomie-astrologie[7], science-scientologie...) au milieu desquels un minimum de rigueur aide à s'y retrouver. Dans cet amoncellement il devra tenter de démêler le loyal du fallacieux, de distinguer la prédiction (économique, épidémiologique, climatique...) de la voyance (à laquelle tant de chefs d'État s'adonnent, nous dit-on, avant de prendre leurs décisions !), et plus généralement de récuser ces « parasciences », scories de la pensée magique[8], et ces pseudo-sciences qui, badigeonnées de quelques données numériques brutes, statistiques souvent tronquées et mots ésotériques, confortent

---

7. On pourra lire à ce sujet la réfutation, rédigée par un collectif de scientifiques et présentée par Jean Audouze et Denis Savoie (palais de la Découverte, août 2001) d'une récente thèse de doctorat se voulant un plaidoyer pour l'astrologie.

8. « Les résidus de la connaissance magique, avec ce qu'ils peuvent encore contenir de vrai, seront captés [...] par une "para-science" — l'occultisme des civilisés — très différente de la magie des primitifs et qui comportera pour la pensée certains caractères pathologiques (comme dans certains cas de régression infantile chez l'adulte). » Jacques Maritain, *in* Charles Blanchet, *Maritain en toute liberté*, Paris, Cerf, 1997, p. 166.

supercheries et manipulations. C'est là qu'un esprit de justesse acquis dès l'enfance doit lui permettre d'y voir plus clair dans les argumentations bancales[9], de mettre en défaut les croyances les plus sottes et de déjouer les impostures les plus malhonnêtes.

Le don d'imagination

La science tue l'imagination, entend-on parfois, puisqu'elle nous enseigne le champ clos de ce qui est. Elle obstruerait ainsi les échappées vers les mondes inconnus et inventés, lieux privilégiés de la poésie, celle-ci devenant alors antinomique de la science.

Le reproche serait fondé s'agissant d'une science enseignée comme une suite de lois, de théorèmes, disons presque de dogmes, à ingurgiter sans élaboration de la pensée, ni discussion. Il serait fondé si nous en restions à la foi candide qu'exprimait, il y a cent ans, le directeur du Bureau américain des brevets, Charles Duell, lorsqu'il déclarait : « *Everything that can be discovered has been discovered*[10] » (1899). Il ne l'est plus si la science se découvre à l'enfant au fil de ses questions à lui, sur un monde immensément ouvert qu'il assaille de ses « comment ? » et de ses « pourquoi ? ».

Il y a en tout enfant du *non-Duell,* ou plus positivement du Hamlet, celui qui déclare à son ami : « Cher Horatio, il y a plus de choses dans les cieux et sur Terre que n'en peut rêver toute ta philosophie. » Ce « *more*

---

9. Voir par exemple p. 68.
10. « Tout ce qui peut être découvert a été découvert. »

things in heaven and earth », annonciateur du romantisme allemand, ouvre des perspectives sans fin à l'enfant, surtout si ses questions débouchent, au travers de l'observation et de l'expérience, sur une vision plus profonde des choses. « Qu'est-ce que la lumière ? » demande-t-il. Ne voit-on pas tout ce que ce questionnement prend d'ampleur si, à l'aide d'un diaphragme, on lui montre un « rayon lumineux » ? Si, à l'aide d'un prisme, on clive ce rayon en ses diverses couleurs ? Si, dans l'eau, on lui fait découvrir sa réfraction ? Si, dans une boîte transparente, on lui fait observer, à l'aide d'une loupe, des particules de fumée « poussées » par un simple faisceau de lumière laser ?... Se révèle alors pour lui tout un monde d'images qui s'intériorisent, peuplant son imaginaire, stimulant sa pensée et élargissant sa vision du monde. Il est faux que, encadré par les règles de l'expérimentation et les normes de la vérification, ce monde devienne étriqué, ou fermé. Jamais l'invention d'un Jean-Sébastien Bach n'est aussi débridée que lorsqu'elle se plie aux lois d'une forme musicale précise, voire contraignante : tout se passe en fait comme si l'ascèse d'une règle stricte amplifiait notre propension à ouvrir des voies nouvelles et à créer.

Si la science donne à l'enfant un esprit rigoureux, si elle lui apprend la vérification[11], c'est-à-dire le sens

---

11. Quand cet enfant aura grandi, il sera bien temps de lui apprendre, d'après Popper, que le « droit à la vie » d'une idée scientifique dérive moins de sa capacité à être vérifiée qu'à celle d'être « falsifiée », c'est-à-dire à être prouvée fausse : « C'est la réfutabilité et non la vérificabilité d'un système qu'il faut prendre comme critère de démarcation entre science et non-science. » Karl Popper, *La Logique de la découverte scientifique*, Paris, Payot, 1973, p. 37.

du vrai, si elle le forme, disons au classicisme, tout autant nourrit-elle aussi son imagination, son besoin d'horizons nouveaux, disons son ouverture au romantisme, en lui découvrant quelques-uns des *more things* dont, tournant le dos à Charles Duell, nous n'aurons jamais fini de dresser l'inventaire.

Il est vrai que l'imagination n'a pas toujours eu bonne presse. Marc Aurèle, déjà, nous invite à nous en méfier : « Efface l'imagination, refrène l'impulsion[12] » ; et Samuel Pepys à Londres, note dans son carnet, en date du *3 mars [1661], Jour du Seigneur* : « À notre église, un bon sermon sur les dangers de l'imagination[13]. » Mais nous savons désormais qu'elle a solidement partie liée avec la science, celle-ci alternant les échappées libres, parfois folles, et les vérifications sages et strictes. Rigueur et invention y sont inséparables. Ne privons nos enfants ni de l'une ni de l'autre !

L'esprit de liberté

La science, espace privilégié de fluidité des idées et de circulation des hommes, constitue un humus

---

12. Marc Aurèle, *op. cit.*, p. 132.

13. Puis il ajoute : « L'après-midi, chez Mylord, qui arriva tard et nous annonça la mort de Mazarin [notons en passant qu'on avait, à Londres, quelque peu anticipé ce décès puisque le Cardinal mourut en fait le 9 mars]. C'est une nouvelle importante et grosse de conséquences [Pepys ne pouvait savoir que l'une de ces conséquences serait, par testament, la construction du Collège des Quatre Nations et que celui-ci, devenu palais de l'Institut, abriterait l'Académie des sciences]. » *Journal de Samuel Pepys*, Paris, Club des Libraires de France, 1958, p. 58.

idéal pour l'éclosion d'une forme d'autonomie intellectuelle. Son histoire et sa pratique nous apprennent la liberté : celle des savants de jadis et de naguère, faisant prévaloir leur représentation du monde face aux réticences ou aux interdits de leur temps ; celle du doctorant qui se dégage peu à peu, au fil de ses propres intuitions, des indications que lui a données initialement son « patron » ; celle du chercheur confirmé qui, se débarrassant de telle idée reçue ou bousculant telle mode en vogue dans sa discipline, réussit à imposer une idée inédite ; celle de l'ingénieur qui invente un procédé nouveau, en contradiction peut-être avec les instructions ou les consignes de son directeur, et qui sait en démontrer les avantages et en imposer l'utilisation.

Qu'il naisse au creux le plus secret de la conscience, qu'il s'instille dans l'esprit d'enfants mis au contact de la science expérimentale, ou qu'il s'exprime au travers d'institutions publiques chargées de le préserver et de l'illustrer (sociétés savantes, académies..., œuvrant pour la libre circulation des hommes et des idées, et pour le respect des droits de l'homme, voir p. 175), l'esprit de liberté contribue à établir ces deux réquisits du développement des sociétés que sont la *créativité* et la *dignité*. À eux deux ils peuvent contribuer puissamment à nous faire échapper aux diverses formes de dictatures, qu'elles soient explicitement violentes ou sournoisement douces, et notamment aux multiples pressions sectaires, fondamentalistes ou simplement mercantiles, auxquelles nous pouvons nous trouver soumis.

L'ascèse du doute

Si cette vertu du doute n'est pas placée ici en tête de liste c'est que, souvent, premier — en référence à Descartes — des attributs que l'on attache à la science, on en use parfois à temps certes, mais aussi à contretemps.

À temps, lorsqu'on applique aux idées qui courent ou aux événements qui adviennent une saine rigueur, c'est-à-dire la faculté que nous avons de les soumettre à la raison. En nous apprenant à évaluer les failles d'une argumentation, en nous rappelant que le désir de convaincre, ou l'intérêt, ou la malhonnêteté, ou plus simplement l'erreur, peuvent polluer le discours qu'on nous adresse, la science nous appelle à une prudence souvent salutaire et parfois féconde[14]. Le doute a cette vertu première de maintenir notre esprit en état de veille, comme l'est celui de la vigie qui épie, scrute et redoute, instruit qu'il est du danger des hauts-fonds. Il est père de la réflexion : je doute, donc je pense.

À contretemps, lorsqu'il s'insinue dans la moindre de nos pensées et que nous le poussons au point qu'il vienne et contrecarrer notre imagination et corroder cette disposition de l'esprit que nous rencontrerons furtivement plus loin[15], la confiance. Celle-ci, tout en n'appartenant pas aux registres propres de la science, n'en est pas moins un ingrédient majeur de notre pensée et de nos comportements.

---

14. Voir p. 198.
15. Voir p. 163.

Ainsi sommes-nous conviés à trouver, chacun, notre voie entre un doute qui peut miner notre capacité d'agir et une confiance qui pourrait obscurcir notre capacité de penser.

La maîtrise du langage

C'est ici la dernière, mais pas la moindre, parmi les vertus attendues d'un enseignement des sciences.

La science étant avant tout le discours que nous tenons sur la nature, et sur l'homme, ne nous étonnons pas de son lien privilégié avec le langage, plus simplement ici avec le cher « lire et écrire » de nos écoles.

Ce lien, nous le discernons d'abord au niveau du lexique. En nous permettant de classer, de mettre de l'ordre dans le monde, nommer — nous l'avons dit — constitue l'acte initiateur de la science. L'enfant, lui aussi, nomme. Mais si, dans son univers poétique, il se réfère à *l'arbre*, terme générique où le merveilleux peut le mieux se déployer, en science on lui apprendra à parler du chêne ou du pin ou du mélèze, bref à dénommer, à enrichir son lexique et à l'utiliser avec exigence et précision.

Nous le discernons aussi, l'avons-nous noté[16], dans le droit que nous donnent nos observations passées de conjuguer nos verbes au futur. Ayant remarqué répétitivement que le Soleil se lève chaque jour — parcelle de science —, alors j'énonce que « demain, le Soleil se

---

16. Voir p. 24.

lèvera ». Confiant dans les calculs de mécanique céleste effectués, j'ai l'audace d'annoncer que « la sonde X arrivera sur Mars mercredi prochain à 12 h 23 ». Conscient du contrôle que j'exerce sur mon corps et assuré de ma détermination, je m'autorise à écrire que « demain, dès l'aube... je partirai ».

Nous le discernons enfin dans la construction de la phrase, qu'une certaine pratique de la science aide l'enfant à maîtriser : maîtrise des mots, mais aussi des propositions, des conjonctions, des connecteurs, des modes et des temps. Ainsi, avant de finir par écrire, dans son cahier, après l'expérience « Tandis que la glace fond, la température du mélange eau-glace reste constante », l'enfant aura-t-il sans doute hésité devant diverses formes, bancales, comme « La glace fond sitôt que la température ne bouge pas » ou comme « Quand la température ne change pas, la glace fait de l'eau » ou comme « La glace fond parce que le thermomètre, il est pareil ». De la sorte, il aura fixé dans son esprit le rôle d'une proposition circonstancielle de temps, trouvé la conjonction la plus appropriée à la réalité observée et, surtout, compris qu'à la logique interne des faits observés correspond une logique interne de la phrase. Plus largement, il aura peut-être mieux perçu la valeur éminente du langage.

Ainsi peut-on aider les enfants à « parler pour ne pas rien dire » selon l'expression de Jean Hébrard, et à acquérir, en forme de viatique, un minimum de ce « parler vrai » cher à Alain Bentolila[17].

---

17. Alain Bentolila, *De l'illettrisme en général et de l'école en particulier*, Paris, Plon, 1997 ; *Le Propre de l'homme, parler, lire, écrire*, Paris, Plon, 2000.

Si la science est vraiment capable d'ouvrir les enfants aux réalités du monde, de les habituer à observer et à raisonner, et d'affermir ainsi leur esprit, c'est-à-dire de leur donner plus de force, c'est-à-dire encore — au sens qui est propre, même s'il est un peu suranné — de lui conférer des *vertus*, si elle est capable de tirer l'homme vers plus de savoir et plus de sagesse mais aussi vers plus d'attention à ce qui n'est pas lui, donc vers plus de tolérance et de modestie, si elle est notre aspiration à respirer plus haut, à voir plus loin et plus profond, alors n'est-elle pas en mesure de nous offrir les éléments d'une éducation et un cheminement vers la culture ?

Elle l'est assurément, du moins si nous admettons que « transmettre les cultures, c'est perdre le souci du même et introduire une conscience encore repliée sur soi à la pluralité du monde », et que « éduquer, c'est conduire quelqu'un loin de son lit, de son enclos, de son canton, de sa province, de son pays. Loin, en un mot, des avarices du moi[18] ».

---

18. France Quéré, *L'Homme maître de l'homme, op. cit.*, p. 62.

5

Maîtriser

Fermons les yeux et regardons-le, cet homme que nous avions laissé sur le pas de sa grotte[1]. Le voici, accroupi, taillant son silex au bord de la rivière. Ne voyons-nous pas que, ce faisant, il célèbre à sa manière les noces immémoriales de la science et des techniques ? *De la science*, puisqu'il utilise un savoir appris de ses aïeux concernant la nature (en langage actuel : « La silice, SiO_2 est un matériau à la fois dur et fragile ») ; et *des techniques* puisque ce savoir, plié aux nécessités d'une pratique artisanale, est mis au service d'un besoin précis (couper du bois ou chasser le gibier ou débiter de la viande ou combattre un ennemi ou...).

La longue histoire des relations entre la science et les sociétés est précocement en germe dans ce minuscule

------

1. Voir p. 23.

épisode, comme l'est aussi celle des liens entre science, techniques et éthique : couper du bois, combattre un ennemi, cela nous parle déjà, et de manière non simple, du bien et du mal[2]. En symbiose permanente, la science et les techniques façonnent de manière déterminante le sort de l'homme et l'évolution des sociétés par l'ensemble des outils qu'elles mettent à leur disposition et par la maîtrise croissante qu'elles lui donnent de son environnement physique et de son propre corps[3]. Cette maîtrise, est-ce à la science elle-même ou aux techniques qu'il la doit ? Vaine question. Agriculture, médecine, navigation, communications, transports, bureautique, produits industriels[4]... mais aussi observations astronomiques, informatique, recherches biologiques... autant de domaines où la science et les métiers se mélangent indissociablement, autant de domaines où l'on ne sait pas dessiner avec précision la frontière entre le savoir et les outils alors que l'on y discerne très nettement combien l'homme s'y trouve

---

2. « Quand on passe de l'âge de la pierre à l'âge du fer, on devient capable de fabriquer des couteaux. Et un couteau, on peut s'en servir aussi bien pour peler sa pomme que pour l'enfoncer entre les côtes de son meilleur ami. » François Jacob, *in* Jacqueline de Romilly et Jean-Pierre Vernant, *Pour l'amour du grec*, Paris, Bayard, 2000, p. 109.

3. ... au détriment parfois de son ingénuité. Déjà il y a 2 000 ans, le sage chinois Dchuang Di nous met en garde : « Celui qui, utilisant des machines, exécute machinalement toutes ses affaires porte dans sa poitrine un corps de machine et perd son innocence. » Cité par Pierre-Henri Simon, *Questions aux savants*, Paris, Le Seuil, 1969, p. 25.

4. ... des plus complexes aux plus « simples ». On ne se doute généralement pas de la quantité de savoirs scientifiques élaborés qui sont désormais nécessaires pour fabriquer correctement un objet aussi apparemment rudimentaire qu'une boîte-boisson métallique.

influencé, individuellement et collectivement, dans sa vie matérielle comme dans son paysage mental.

Les outils dérivent de plus en plus du savoir ; mais le savoir bénéficie tout autant — en une sorte de retour généreux sur investissements — des outils. Que seraient l'optique et l'astronomie sans l'habileté des polisseurs de verre ? La science des matériaux sans le savoir-faire empirique des potiers, des forgerons et des fondeurs ? La biologie moléculaire sans l'instrumentation biomédicale ? La météorologie sans les satellites ? L'océanographie sans les bathyscaphes ? Autant d'activités où chercheur et ingénieur ont totalement besoin l'un de l'autre, en état qu'ils sont de permanente demande réciproque. Tous ces outils qui nous viennent de ce que nous appelons notre « technologie », sont en effet pour la plupart créés sur demande : « La technologie devant satisfaire les besoins exprimés ou latents, à court ou long terme, de la société, les technologues doivent pratiquer une écoute citoyenne diligente. En expliquant ce qu'ils sont capables de faire, ils peuvent aussi s'enquérir de ce que l'on attend d'eux[5]. »

Par commodité de langage, dans ce qui suit, nous conserverons à cet ensemble du savoir et des outils, le nom unique de *science*, en n'oubliant pas le double visage que revêtira ce mot.

---

5. Hubert Curien, *in* Préface de *L'Ingénieur moteur de l'innovation*, Grenoble, Institut national polytechnique de Grenoble, 2000.

Amour-désamour

Voici donc la science en prise de plus en plus directe avec l'homme de la cité, la voici agissant sur nos sociétés, les modelant, les transformant, parfois les violentant, et recevant de celles-ci des marques accrues d'intérêt tout autant que de défiance : d'intérêt pour ce qu'on attend d'elle en termes de mieux-être ; de défiance pour les méfaits que l'on redoute d'elle. Ces deux attitudes, qui ont souvent l'automatisme des réflexes, ne sont pas le fait de deux populations distinctes. Elles coexistent fréquemment en chacun de nous : le même qui se réjouit de la longévité accrue dont la science nous fait bénéficier[6] geint, en fin de phrase, sur les problèmes nouveaux et parfois redoutables qu'elle crée.

Le même qui ne jure que par les produits « naturels » se régale sans réticence de nectarines et n'hésite pas à soigner son lumbago avec des molécules médicamenteuses de synthèse, et il a sans doute raison car « ce qui est bon pour l'homme [...] ne saurait être décidé par une référence à des normes absolues, comme par exemple à une supposée bonté de la nature opposée à la nocivité de l'artificiel : toutes les civilisations, et l'espèce humaine elle-même, se sont construites en modifiant la nature[7] ».

---

6. Sait-on que, dans les pays européens, la durée de vie moyenne croît actuellement de un an tous les cinq ans ?

7. Pierre Léna, *La Science*, Paris, Desclée de Brouwer, collection « Proches lointains », 2002.

Le même qui ne peut se passer de manger de la viande, midi et soir, récrimine contre l'élevage industriel du bétail.

Le même qui utilise abondamment l'automobile pour son plaisir et l'électricité pour son confort, est prêt à pétitionner contre la pollution et à défiler contre le nucléaire[8].

Le même qui utilise à chaque instant son téléphone portable, oublie volontiers tout le travail de recherche qui sous-tend ce merveilleux outil, « les immenses succès de la science finissant par créer une sorte de saturation de l'émerveillement » ; et il se laisse aller à l'inquiétude en « l'absence d'une *preuve absolue*

---

8. Il me dit, lui, qu'il est des moyens autres que nucléaires pour produire de l'électricité, ce en quoi il a parfaitement raison. Mais s'est-il enquis du nombre de mineurs (chinois, australiens, brésiliens...) victimes chaque année d'explosions de grisou ou d'éboulements ? A-t-il pensé aux dangers de la radioactivité contenue dans bon nombre de charbons et répandue lors de la combustion ? Puisqu'il connaît assurément ce qu'est l'effet de serre, pourquoi — prompt par ailleurs à en dénoncer les conséquences — garde-t-il là le silence tout en sachant fort bien que l'énergie nucléaire en est un excellent antidote ? Alors qu'il me parle du vent, a-t-il assisté, au Danemark, à des manifestations contre l'installation d'éoliennes dont (déjà !) on dénonce ici ou là les nuisances sonores et environnementales ? Tandis qu'il prône l'hydroélectricité, songe-t-il aux mouvements forts d'opinion contre les projets de nouveaux barrages ?

Ces interrogations n'ont, ici, aucune charge polémique. L'énergie nucléaire a été présentée assez longtemps comme étant sans dangers pour que ceux qui se méfient d'elle aient raison de souligner ces dangers. Mais ils renforceraient singulièrement leurs arguments s'ils énonçaient non pas une partie de la vérité mais l'ensemble de la vérité. Celle-ci, là comme ailleurs, est difficile à enfermer dans une phrase ou en un slogan. Elle mérite mieux, dans les deux sens, que des arguments biaisés ou partiels.

(évidemment impossible à obtenir) que le téléphone portable ne donne pas de tumeur cérébrale...[9] ».

Le même qui, chaque jour, remet au lendemain telles ou telles de ses obligations, trouve anormal que les organismes scientifiques ne répondent pas dans l'instant aux questions précises qu'on leur soumet : impatience et émotivité sont souvent, en ces domaines, les deux ressorts de nos réactions et, face à un danger, « le public est, à juste titre, anxieux de voir les politiques prendre les mesures qui s'imposent pour conjurer le péril [...]. C'est alors que tout le monde se tourne vers les scientifiques, en attendant d'eux qu'ils précisent les risques et indiquent la voie à suivre pour les conjurer. Bien entendu tout le monde ignore, ou feint d'ignorer, qu'une telle attitude est contraire aux règles du jeu scientifique, qui veulent que, lorsque la réponse à une question n'est pas claire, on n'énonce aucune certitude[10] ».

Il n'y a rien là de bien nouveau, ni sans doute de bien scandaleux, et d'autres de nos comportements présentent cette fine structure dialectique qui nous fait chaque jour hardi et hésitant, réticent et enthousiaste, généreux et regardant, raisonneur et fantaisiste, fol et sage. Il en résulte en tout cas, face à la science, un amour-désamour poussé à l'extrême. En témoignent ces étonnantes enquêtes comme celle, récente[11], dans

---

9. Guy Ourisson, *in Désaffection des étudiants pour les études scientifiques*, Rapport au ministre de la Recherche, Paris, 2001.
10. Jean-Paul Poirier, *La Terre, mère ou marâtre ?*, Paris, Flammarion, 1998, p. 176.
11. *Les attitudes des Français à l'égard de la science*, SOFRES, déc. 2000.

laquelle il apparaît que 88 % des Français interrogés déclarent « avoir confiance dans la science », lui donnant la cote maximale (avant, dans l'ordre, la police, l'administration, les entreprises, la justice...), tandis que 82 % des mêmes sondés se disent d'accord avec l'énoncé suivant : « Les chercheurs scientifiques, par leurs connaissances, ont un pouvoir qui peut les rendre dangereux. »

Il est utile de connaître ces jugements encore que nous en ignorions souvent les attendus. Souhaitons qu'ils soient fondés — compte tenu des immenses capacités de bienfait et de méfait de la science, c'est-à-dire de l'ampleur des questions posées aux jurés — sur des faits attestés et reproductibles, sur des expériences fiables, sur des analyses dénuées d'*a priori*. Pourquoi en effet ferait-on l'économie, au moment de juger la science, des méthodes qu'elle nous offre et qui ont surabondamment prouvé leur efficacité ?

Riches et pauvres

Qu'il y ait fréquemment de la fragilité, de la vulnérabilité, dans nos jugements ne retire cependant rien à tels ou tels faits bien réels, et l'on a raison de les rappeler avec vigueur. En particulier, cette maîtrise que nous donne la science, et dont on pourrait attendre des effets stabilisateurs, s'accompagne de profonds *déséquilibres* qu'il faut analyser en relation avec elle, même lorsqu'elle ne les crée pas directement. Par ailleurs, cette même maîtrise tend parfois à glisser du statut d'un sain pouvoir d'améliorer, de construire, de réparer, à celui, plus inquiétant, d'une nouvelle forme de *domination*.

La perception la plus angoissante que nous ayons de ces déséquilibres concerne le fossé croissant entre la richesse des uns et la pauvreté des autres. Si ce constat est déjà perceptible à l'intérieur d'une nation, il devient éclatant de nation à nation[12]. Non seulement cet écart augmente, mais augmente aussi le nombre des pays appartenant à la catégorie des PMA (pays les moins avancés) telle que définie par l'ONU : de 25 en 1981, il est passé à 49 en 2001. C'est principalement dans ces PMA que 600 millions d'êtres humains survivent avec moins de 0,8 dollar par jour. Ainsi, en 1998, les 20 % les plus riches de la population mondiale (du « Nord ») absorbaient 86 % de la consommation totale des biens, 1,3 % seulement de celle-ci allant aux 20 % les plus pauvres (du « Sud »). Ces mêmes 20 % les plus riches ont, depuis 1950, doublé leur consommation de viande et de bois, quadruplé leurs achats d'automobiles, quintuplé ceux de matières plastiques, alors que les consommations correspondantes n'évoluaient pratiquement pas pour les 20 % les plus pauvres. Toujours en 1998, le coût agricole de la lutte contre la malnutrition au Sud était de 40 M$ (milliards de dollars) par an, face aux 40 M$ consacrés, au Nord, à la lutte contre l'obésité ! Les dépenses, au Sud, pour l'alimentation en eau étaient de 9 M$ par an et les besoins pour la lutte contre le sida en Afrique de 10 M$, en regard des 11 M$ dépensés dans la seule Europe en crèmes glacées, des 17 M$

---

12. *Équilibres et populations*, n° 68, mai 2001.

(Europe et États-Unis) en alimentation pour chats, et des 8 M$ (dans les seuls États-Unis) en cosmétiques. Dans le même temps, les 20 % les plus riches consommaient 63 % des ressources en énergie de la planète !

Or ces richesses, c'est bien à la science que nous les attribuons en majeure partie. C'est donc à elle, s'indigne-t-on, que revient la responsabilité de ce fossé, et donc aussi à elle qu'incombe le devoir de le combler.

Si cette responsabilité est fort discutable, si les causes de la pauvreté — ici relative, là effroyable — des pays du tiers-monde sont nombreuses et variées, dépendant de situations locales fort diverses, si les hommes — par leur cécité ou leur rapacité ou leur cynisme ou leurs erreurs... — y ont une part majeure, ce devoir, lui, est incontestable. Et c'est donc par une alliance concertée des hommes de science et des décideurs politiques que ce problème doit être abordé frontalement.

Dans ce duo, la science a une partition polyphonique à jouer.

Elle peut tout d'abord, en amont, contribuer à l'analyse, cas par cas, région par région, des facteurs de pauvreté, qu'ils soient de nature physique, géologique, pédologique, climatique... mais aussi pathologique, économique, démographique, sociologique, culturelle... Dans ce travail initial d'expertise, que nulle considération politique ou idéologique ne saurait venir polluer, aux sciences physiques et biologiques doit se joindre, on le voit, le renfort précieux des sciences humaines et sociales.

Elle peut, en aval, fournir des méthodes, des outils, des procédures, susceptibles d'augmenter les rendements agricoles, d'améliorer l'hygiène et la santé, d'assainir les sols, de rationaliser les pêches, de traiter les eaux usées, de créer de petites entreprises bien insérées dans le tissu local et de participer à l'éducation et à la formation de l'esprit au sens où nous l'avons indiqué plus haut[13].

Elle peut, au travers d'institutions comme les sociétés savantes ou les académies, jouer un rôle crucial dans la détection et la formation des élites intellectuelles, la lutte contre cette plaie majeure des pays pauvres que constitue la fuite des cerveaux[14] lorsqu'elle est définitive, le conseil aux gouvernements et la participation au rayonnement international de la nation. Mais faut-il installer une académie des sciences dans un pays petit et pauvre ? Cela n'a sans doute de sens que si un minimum de développement scientifique et technique y est atteint. Si tel est le cas, une académie peut œuvrer utilement, à l'intérieur et à l'extérieur des frontières, grâce à trois de ses caractéristiques : elle est par principe un lieu de *qualité scientifique* avérée (nécessaire notoriété internationale de ses membres), d'*indépendance* vis-à-vis des pouvoirs (politique, économique, médiatique...), et

---

13. Un certain nombre de ces rubriques sont abordées dans la *Déclaration* que les académies des sciences du monde ont signée à Tokyo en mai 2000 à l'initiative de l'InterAcademy Panel (IAP) qui regroupe la quasi-totalité des académies des sciences et œuvre pour le « développement durable ». Ils étaient également au cœur de la Conférence sur la science organisée par l'UNESCO et l'International Council for Science (ICSU) à Budapest en juin 1999.

14. Celle-ci n'est pas seulement due au miroitement de salaires et de conditions de vie meilleurs au Nord qu'au Sud. Elle tient aussi au besoin qu'ont, partout, les hommes de science de se retrouver, d'échanger et de confronter quasi journellement leurs idées et leurs trouvailles, ce qui suppose, localement, une communauté scientifique substantielle.

de *stabilité* (élection à vie des membres) en face de structures politiques locales souvent fluctuantes et fragiles.

Elle peut éviter ainsi aux pays pauvres un *développement* qui serait agressif vis-à-vis de la nature (en se livrant par exemple à une exploitation forcenée des ressources naturelles comme le bois, le pétrole...) et donc foncièrement *non durable* ; et favoriser au contraire leur évolution vers plus d'éducation, de santé, de paix et de bien-être par des voies respectant leur environnement et donc préservant les chances des générations futures.

Il reste vrai que, même si ce fossé qui s'élargit entre riches et pauvres n'est certes pas voulu par la science — ou plus exactement pas voulu par ceux qui la pratiquent —, cette succession de « elle peut » a de quoi nous laisser fort insatisfaits. Ce pouvoir qu'a la science (« elle peut » ne veut ici rien dire de plus que « elle est capable de »), on lui donne fort rarement l'occasion de l'exercer. L'analyse en reste souvent au niveau du simple constat ou de discussions, si ce n'est de palabres, dans les instances internationales. D'un côté, celui des pays riches, on veille — souvent non sans cynisme — à préserver ses propres intérêts économiques et stratégiques. De l'autre, les méthodes demeurent encore trop fréquemment marquées soit par un mauvais usage des traditions[15] (d'enracinement local ou de réminiscence coloniale), soit par des pesanteurs politiques mâtinées de concussion, soit à

____

15. ... leur bon usage consistant à conserver (ou à retrouver) certaines pratiques ancestrales, notamment en agriculture, dont la science elle-même démontre parfois le bien-fondé face à des façons de faire récemment importées, soi-disant plus efficaces mais en réalité mal adaptées aux conditions locales.

l'inverse par un activisme brouillon, plus sujet aux sautes d'humeur des milieux financiers internationaux que soumis à l'analyse scientifique. Enfin la formation des élites y est de plus en plus saccagée par une hémorragie des cadres scientifiques et techniques, cette fuite des cerveaux évoquée plus haut, qu'aucune des nations riches à qui elle profite ne tente réellement d'enrayer.

Pouvoirs renforcés de la science

Autre inquiétude : la science n'est-elle pas en train d'exercer une véritable domination sur les corps et sur les esprits ? L'expression « L'homme maître de l'homme[16] » désigne-t-elle le sain contrôle, au sens cybernétique, que l'homme peut de mieux en mieux, grâce à la science, exercer sur lui-même, sur sa santé comme sur son comportement — et de cela qui se plaindrait ? — ou dénonce-t-elle une prise de pouvoir de ceux qui savent plus sur ceux qui savent moins, pouvoir certes ancien mais désormais formidablement renforcé par les possibilités qu'ouvre la science ?

Celle-ci ne nous donne-t-elle pas en effet les moyens, par exemple, de capter tous les courriers électroniques échangés de par le monde, de dépister telle potentialité de maladie génétique au profit d'un employeur soupçonneux ou d'un assureur prudent, de modifier tel comportement, jugé indésirable, par une intervention sur le cerveau... ? Ne nous permet-elle pas, désormais, d'engendrer de la

---

16. Voir note 26, p. 53.

nature — sinon la nature — puisqu'elle crée, en application des lois qu'elle établit, des situations et des substances inédites (corps célestes artificiels, assemblages originaux d'atomes ou de molécules...), des plantes et des animaux transgéniques... jusque-là absents de l'univers ?

Ce pouvoir de « faire » une seconde nature, artificielle celle-là, commence à répandre ses objets dans l'originelle nature : on fabrique des animaux pour la consommation, on touche au génome, on parle de « clonage humain » (au risque d'assimiler les visées médicales du « clonage dit thérapeutique » aux délires déments du « clonage dit reproductif »)... Laisserait-on, dès lors, fabriquer sans contrôle du vivant qui ne soit pas le vivant de la nature ? Ou encore remodeler une humanité aux fins qu'elle devienne par exemple plus performante ou plus soumise ?

Les risques, en termes d'eugénisme, sont ici redoutables et donc les problèmes d'ordre éthique considérables[17].

Les chemins de l'éthique

L'éthique a pour objet d'énoncer des principes qui puissent garantir les droits fondamentaux des hommes.

---

17. Voir par exemple : Jean Bernard, *De la biologie à l'éthique*, Paris, Buchet/Chastel, 1990 ; France Quéré, *L'Éthique et la vie*, Paris, Éditions Odile Jacob, 1991 ; Gérard Toulouse, *Regards sur l'éthique des sciences*, Paris, Hachette 1998 ; Axel Kahn, *Et l'Homme dans tout ça ?*, Paris, NiL, 2000 ; France Quéré, *Conscience et neurosciences*, Paris, Bayard, 2001 ; Albert Jacquard et Axel Kahn, *L'Avenir n'est pas écrit*, Paris, Bayard, 2001 ; Monique Canto-Sperber, *L'Inquiétude morale et la vie humaine*, Paris, PUF, 2001.

Elle vise à conjurer l'instinctive priorité que donnent à leurs intérêts chaque être, chaque groupe, chaque nation, aux dépens de tous les autres. En un mot, elle essaie d'établir le plus d'équité possible dans une société, et ce en mobilisant d'abord chacun d'entre nous : « Humble mais persévérant effort, l'éthique n'est pas une mode avec ses illusions et ses somnolences mais, nous le croyons, une interpellation des consciences, un art de les déranger toujours[18]. »

Mais cet appel aux consciences individuelles doit être relayé par des institutions chargées de limiter ou de réglementer les pouvoirs nouveaux de la science évoqués à l'instant. On citera, en France, la création, il y a près de vingt ans, du *Comité consultatif national d'éthique* ; la loi *Informatique et liberté* destinée à préserver la vie privée ; et l'ensemble des recommandations tendant à protéger les êtres les plus exposés et les sujets sans défense autonome (embryons, patients en coma végétatif, handicapés mentaux...), des mesures législatives (*Loi de bioéthique, 1994*), ou des réglementations concernant les animaux de laboratoire[19].

---

18. Béatrice Descamps-Latscha, « Éthique et recherche biomédicale », *in Rapport du Comité consultatif national d'éthique*, Paris, La Découverte, 1991, p. 6.

19. Sur ce dernier point, les oppositions à la pratique, sans anesthésie, de la vivisection (désormais interdite) ne sont pas récentes. Le haut-le-cœur que provoquait cette pratique chez l'épouse de Claude Bernard et son échec d'en dissuader son mari jouèrent un rôle important dans sa décision de se séparer de lui.

Sur l'évolution des idées en matière de protection des animaux, on lira : Luc Ferry, *Le Nouvel Ordre écologique*, Paris, Grasset et Fasquelle, 1992 ; Élisabeth de Fontenay, *Le Silence des bêtes*, Paris, Fayard, 1998.

C'est entrouvrir là le champ immense de l'éthique médicale qui comporte selon Ricœur[20] trois niveaux : celui des buts poursuivis et des fins recherchées, puis celui des droits et devoirs imposés par la conscience morale, enfin celui des options les meilleures et des plus sages décisions. On devine combien chacun des chapitres où se décline cette éthique médicale[21] peut donner lieu à débats, toute limitation d'intervention se faisant au détriment d'un progrès possible, soit de nos connaissances, soit de nos moyens thérapeutiques. Là comme ailleurs dans le champ de l'éthique, il s'agit moins de dégager *le* chemin du bien (tout chemin comportant, à l'examen, quelque nuisance) que de trouver, entre mille écueils, *une* voie de moindre mal.

Là doivent être invités le savoir (c'est-à-dire la *science* elle-même), l'expérience humaine accumulée (c'est-à-dire le *droit*) et l'attention à autre que soi (c'est-à-dire l'*éthique*) : « Aristote, Solon, Hippocrate, ce n'est pas tout de les invoquer. Encore faut-il qu'ils fassent société à trois. Ils ne se ressemblent pas. L'un vise l'efficacité, l'autre la norme juste, le troisième la sollicitude. Mais que l'un d'entre eux vienne à manquer, les deux autres sont disqualifiés par cette absence, et la morale n'est plus qu'une pauvre dame boiteuse[22]. »

Dans ces débats — dont il est bon qu'ils existent et qu'ils portent les traces de divergences (philosophiques,

---

20. Cité *in* Michel Leplay, *Présence d'une parole*, Les Bergers et les Mages, Paris, 1997, p. 11.
21. À titre d'exemple, pour le cas de l'anesthésie, voir Geneviève Barrier, *La Vie entre les mains*, Paris, Éditions Odile Jacob, 1992, p. 117.
22. France Quéré, *L'Homme maître de l'homme*, op. cit., p. 48.

religieuses, morales...) plus fécondes que nuisibles — quelques repères fixes sont nécessaires. Ils sont *soit impérieux*, comme le « D'abord ne pas nuire » (pièce maîtresse du Serment d'Hippocrate[23]), ou comme la Règle d'or (« Ne fais pas à ton prochain ce que tu ne voudrais pas qu'il te fasse », sentence figurant dans les plus anciens traités de morale connus et reprise au cœur du message évangélique), ou comme le Principe de respect (énoncé par Kant : « Agis en sorte que tu traites l'humanité, tant dans ta personne que dans celle d'autrui, comme une fin et jamais comme un moyen », autrement dit comme un sujet et non comme un objet), *soit malléables* comme le Principe de précaution[24] (qui nous demande, en cas de doute quant aux conséquences d'une action, de nous abstenir). Il est clair que ce dernier principe, utile dans certains cas extrêmes, ne saurait être pris à la lettre puisque toute action[25], même infime, comporte un risque[26]. En tout cas porte-t-il en lui la revendication d'arrêter, au moins momentanément, les recherches scientifiques sur tel ou tel sujet : c'est le principe du *moratoire*. Qu'en penser ?

---

23. ... Hippocrate dont « l'immense mérite [fut] de dégager les acquis scientifiques du fétichisme qui en empêchait l'utilisation rationnelle ». Étienne-Émile Baulieu, « Hippocrate, le "père" de la médecine », *in* Jacqueline de Romilly et Jean-Pierre Vernant, *Pour l'amour du grec, op. cit.*, p. 40.

24. *Cf.* Didier Sicard, « Le principe de précaution », *Cahiers du Comité consultatif national d'éthique*, n° 24, 2000.

25. ... et d'ailleurs aussi toute inaction.

26. « L'utopie d'une société dont le risque serait exclu, qu'il s'agisse du risque individuel ou du risque collectif, conduira nécessairement à un monde sans avenir et, à long terme, menacé de disparition. » Pierre Joliot, *La Recherche passionnément*, Paris, Éditions Odile Jacob, 2001, p. 186.

Arrêter la recherche ?

J'entendais récemment (février 2001) un homme politique important, réputé conservateur, s'élever contre ce principe et déclarer, avec une certaine emphase, que « l'on n'arrête pas la recherche ».

Applaudissons. Voilà le type d'affirmation qui entraîne l'adhésion : elle a pour elle de s'appuyer sur toute une tradition et de transmettre une idée qui fleure bon la modernité, tout en résumant d'une certaine façon l'histoire des sciences et des idées. Le besoin qu'a l'homme de savoir est aussi fort que celui de boire ou de manger : il est irrépressible. Au fait, ne parle-t-on pas de la « soif de connaître » ?

Regardons-y cependant d'un peu plus près. « On n'arrête pas la recherche », dites-vous ? Mais bien sûr que si, on le fait à chaque instant, et partout, sans que cela soulève la moindre émotion ! Le champ du non-savoir est si vaste qu'il est hors de question de l'explorer en entier (si un tel *entier* existe, voir p. 49) et qu'il faut, par conséquent, faire des choix. C'est donc à tout moment que des chercheurs abandonnent une piste trop difficile ou trop coûteuse ou trop décevante… pour se lancer dans une nouvelle aventure. On se rappellera, entre autres, les centaines, sinon les milliers de physiciens, de chimistes, de cristallographes qui désertèrent en chœur, de par le monde, leur recherche d'alors pour se lancer brusquement, au début des années 1980, dans l'étude des « nouveaux supraconducteurs » récemment découverts. Mêmes désertions, mêmes abandons, quelques années plus tard, de la part de biologistes cette fois, à l'apparition du sida[27]. Ces soudaines reconversions n'ont rien de critiquable, bien au contraire, mais elles nous montrent ceci : s'il est vrai que l'on n'arrête pas *LA Recherche*, il est tout aussi vrai que, chaque jour, on arrête bel et bien, par pans entiers, *de la recherche,* que ce soit par décision libre et personnelle ou par nécessité budgétaire, que l'abandon soit dû à la lassitude, à l'attrait de la nouveauté ou à tel impératif humanitaire ; et que, chaque jour, en résultent des manques à gagner pour la connaissance.

L'histoire nous parle ainsi de ces vastes poches, désertées par la recherche lorsque la ligne du front de bataille, en vive progression, les a laissées à l'arrière. Elles sont alors destinées à déshérence sauf à être ultérieurement revisitées. Un bon exemple est celui du *mouillage* des surfaces par un liquide, un autre celui du *collage* entre deux solides, domaines de recherche délaissés voici quelques décennies, tenus par la suite pour désuets, et superbement revitalisés par Pierre-Gilles de Gennes à partir des années 1970.

Elle nous raconte aussi certains coups d'arrêt dus au gigantisme qu'ont atteint les coûts de certains appareils, couramment chiffrés en milliards de francs. « Autant dire que la connaissance physique, dans certains de ses secteurs traditionnellement les plus prestigieux, atteint les limites du socialement acceptable[28]. »

---

27. Pour un autre exemple, voir p. 202.

28. Jean-Marc Lévy-Leblond, « La connaissance physique a-t-elle des limites ? », *in* UTLS sous la direction d'Yves Michaud, *Qu'est-ce que l'univers ?*, Paris, Éditions Odile Jacob, 2001, p. 517.

S'il est donc vrai que l'on renonce à de la recherche pour des raisons tenant à la mode, à la fatigue, à des urgences nouvelles ou aux limitations budgétaires, pourquoi diable ne le ferait-on pas pour des raisons tenant à l'éthique ? La décision en est parfaitement possible et il est déjà arrivé qu'elle soit prise, le plus souvent à titre individuel. Elle reste cependant très difficile à mettre en œuvre : s'y opposeront le plus souvent l'argument déjà cité du bienfait qui surpasse, dira-t-on, la nuisance dénoncée ; mais aussi le désir de briller de celui-ci, la difficile abnégation qu'implique l'abandon d'une recherche sur le point d'aboutir pour celui-là ; et, surtout, les intérêts financiers en cause, parfois énormes, qui envahissent de plus en plus le champ de la recherche.

Il arrive cependant qu'un moratoire soit adopté de manière collective. Un laboratoire américain avait inoculé, en 1974, un virus cancérigène à des bactéries. Qu'allait-il se produire, se demanda-t-on brusquement avec angoisse, si ces bactéries se répandaient par accident dans la population ? On réunit à la hâte un colloque à Asilomar (Californie) et l'on décida d'un moratoire dans le but de suspendre les recherches en question jusqu'à ce que la preuve puisse être faite de l'innocuité de ces bactéries. Il convient d'ajouter que la durée de ce moratoire n'excéda guère une année. De même en France, le Comité national d'éthique proposa en 1986 un moratoire relatif à l'expérimentation sur les embryons, qui fut observé par la quasi-totalité des centres de recherche concernés et qui donna lieu à une réglementation spécifique incluse dans les lois de bioéthique de 1994, lois actuellement (2001) en cours de révision.

Autres exemples de moratoires qui, s'ils concernent plus l'évolution de l'armement que la science proprement dite, n'en comportent pas moins une certaine limitation du savoir : le *Traité d'interdiction des essais nucléaires dans l'atmosphère* (1963), que l'on doit en grande partie aux efforts du physicien Hans Bethe[29] ; le *Traité pour la non-prolifération des armes nucléaires* (TNP), signé en 1968 pour vingt-cinq ans, et renouvelé en 1994[30]. De la problématique du moratoire, on rapprochera enfin les arrêts de production ou d'utilisation de substances à risques, comme les fréons (voir p. 133) ou certains médicaments.

Il est donc difficile de décider un moratoire mais, de grâce, qu'on ne le bloque pas en seule référence au principe fragile de l'irrépressible avancée de la science ! Au législateur de prescrire en ce domaine, à la science de démêler le faux du vrai. À elle aussi de surmonter les écueils d'un statut de juge et partie et de nous aider à discerner, éventuellement à dénoncer, les causes réelles de ces fuites en avant auxquelles nous assistons parfois et qui mènent l'homme dans des régions où l'éthique est à l'évidence bafouée.

Un serment du chercheur ?

Plutôt qu'arrêter des recherches dangereuses, mieux vaudrait certes ne pas les avoir lancées ! Mieux

---

29. *Cf.* Hubert Reeves, *L'Heure de s'enivrer*, Paris, Seuil, 1986, p. 29.
30. *Cf.* Georges Charpak et Richard Garwin, *Feux follets et champignons nucléaires*, Paris, Éditions Odile Jacob, 1997.

vaudrait donc qu'une ferme déontologie habite en permanence l'esprit de tous les chercheurs. Vœu évidemment pieux dans son extrême exigence ; mais irait dans ce sens la prestation d'un serment qui, à l'orée d'une carrière de chercheur, jouerait pour celui-ci le rôle du serment d'Hippocrate pour le médecin.

L'idée en a été proposée plus d'une fois. Quel organisme de recherche la concrétisera, demandant à tous ses chercheurs débutants de prêter publiquement un tel serment ? S'engager ainsi, avec une certaine solennité, à œuvrer pour que sa propre recherche ne serve pas le mal mais qu'elle tende à plus de dignité et de bonheur pour les hommes et à plus de respect pour notre biosphère, s'engager ainsi honorerait à la fois ceux qui proposeraient le serment et ceux qui le prêteraient, et signifierait aux yeux de tous que la science mobilise non seulement un savoir, dont les diplômes font foi, mais aussi une responsabilité morale, que le serment scellerait.

Parmi d'autres possibles, voici un énoncé auquel ont souscrit la dizaine de rédacteurs du *Trésor des sciences* : « *Pour ce qui dépend de moi, je jure : de ne point faire servir mes connaissances, mes inventions et les applications que je pourrais tirer de celles-ci à la violence, à la destruction ou à la mort, à la croissance de la misère ou de l'ignorance, à l'asservissement ou à l'inégalité, mais de les dévouer, au contraire, à l'égalité entre les hommes, à leur survie, à leur élévation et à leur liberté*[31]. »

---

31. Michel Serres et Nicole Farouki, *Le Trésor, Dictionnaire des sciences*, Paris, Flammarion, 1997, p. XXXVIII.

Pourquoi cette dizaine ne s'étendrait-elle pas à des milliers ?

Sensibilités

Telles sont, en tout cas, les accusations auxquelles est confrontée aujourd'hui la science (au sens double du mot, p. 95) : celle de laisser s'ouvrir le fossé entre sociétés ou entre nations, et celle de participer au renforcement du pouvoir des uns sur les autres.

Mais si les débats qu'elle suscite sont de plus en plus vifs et de plus en plus ouverts à de vastes publics, il faut y déceler des raisons supplémentaires, plus proches de la vie de chacun. Y voir aussi sans doute le signe de la totale, et donc déconcertante, nouveauté de certains des problèmes posés, en même temps que celui de l'affinement de nos *sensibilités*, ce dernier mot désignant tout autant notre réactivité émotionnelle propre que la capacité accrue de nos appareils de mesure. Ceux-ci nous permettant de détecter des quantités de plus en plus ténues de nuisances (chimiques, biologiques, physiques, radioactives...), notre admiration pour les exploits de la science va croissant, mais notre émoi aussi puisque ces nuisances, mesurées plus finement, sont désormais explicitement citées à tout moment, et sont partout présentes. Nous nous sentons donc tout à la fois maternés par une science aux pouvoirs presque sans limite et, tout autant, encerclés par des risques innombrables, rechignant à trier entre ceux qui sont réels et ceux que nous exagérons, ou que nous inventons, ou dont nous ne donnons pas crédit à la science de les avoir définis, et bien souvent réduits.

Il est par exemple certain que nous mangeons, dans les pays industrialisés, des produits plus et mieux contrôlés (en termes de chimie et de bactériologie) qu'ils ne l'ont jamais été et pourtant jamais nos craintes concernant nos aliments n'ont été plus vives[32]. Notre état physique est plus suivi, notre sang mieux analysé, notre cœur mieux surveillé que jamais auparavant et pourtant jamais nos angoisses, quant à notre santé, n'ont semblé plus obsédantes. Elles coexistent cependant avec des comportements collectifs fort contradictoires : alors que l'on connaît et que l'on décrit de mieux en mieux les dangers du tabac, alors qu'en France une information précise, chiffrée, sur les hécatombes de la route est disponible, beaucoup continuent, comme si de rien n'était, à fumer (et à enfumer) ou à conduire en état d'ébriété[33].

Par la sensibilité accrue de son instrumentation et de ses mesures, la science nous affole là où son propos est de nous informer. Nous ne l'écoutons pas là où elle nous délivre des messages rassurants, et d'ailleurs guère plus là où elle nous avertit de dangers réels. Du chemin reste à parcourir, on le voit, avant qu'elle joue,

---

32. Certaines de ces craintes sont tout à fait justifiées, liées à des vecteurs pathologiques de mieux en mieux désignés, sinon toujours combattus ; mais la plupart émanent plus de nos connaissances accrues et du raffinement de nos analyses que de dangers réellement nouveaux.

33. Voir par exemple : Maurice Tubiana, « Santé et environnement », *Comptes Rendus de l'Académie des Sciences*, 323, 2000, p. 651.

sur nos mentalités et nos comportements, un rôle stabilisateur. Beau champ d'étude pour les sciences humaines et sociales !

Notre négligence nuira

Au-delà de ces problèmes qui peuplent notre horizon immédiat, au-delà de la nécessité où nous sommes de trier entre ceux réels et ceux imaginaires, la science ouvre, à l'intérieur même de l'éthique, des chapitres nouveaux, loin des sentiers reconnus[34]. En voici un, proposé à titre d'exemple. Il a trait aux déchets que nous laissons en héritage à nos descendants, principalement de nature chimique (ceux-là — y inclus les gaz à effet de serre — peuvent avoir une durée de dangerosité indéterminée) ou radioactive. Dans ce dernier cas, la nuisance (par émission de rayonnements) décroît au cours du temps avec une durée caractéristique, appelée la *période radioactive*, qui est parfaitement connue et peut varier, d'un élément à un autre, de temps infinitésimaux à des milliards d'années, l'intensité du rayonnement étant d'autant plus faible que la période est plus longue[35]. Intéressons-nous un instant à ces déchets

---

34. « Il n'y a [...] conscience éthique [...] que si l'obligation sans exception possible d'aimer tout être humain ou, du moins, de le respecter sans mesure est acceptée jusqu'en ses implications les plus profondes, fussent-elles les moins aisément reconnues. » Gustave Martelet, *Évolution et création*, Paris, Cerf, 1997, p 198.

35. ... comme est d'autant plus longue la durée de vidange d'une citerne qu'est moins ouvert le robinet, donc plus faible le débit de vidange.

radioactifs et, parmi eux, à ceux dont la période est de quelques dizaines ou quelques centaines de milliers d'années.

Produits par la conjonction de notre savoir scientifique, de nos activités techniques et industrielles (notamment la production d'électricité) et bien sûr de la somme de nos consommations individuelles, ces déchets présentent un danger potentiel pour la santé dont il est facile de se protéger : pour certains, un mur de béton d'épaisseur adéquate suffit ; pour d'autres, une enceinte étanche les confine. Sauf accident particulier, faible est le risque pour l'homme de maintenant. C'est plutôt pour l'homme de demain que l'éthique entre en scène. Que nous dit-elle ? Essentiellement, elle nous réénonce la règle d'or[36].

Mais qui est, ici, notre prochain[37] ?

Longtemps celui-ci aura été notre tout-proche, dans l'espace et dans le temps. Puis il est devenu l'homme non seulement d'ici mais aussi d'ailleurs, notre ami mais aussi notre ennemi, en tout cas encore notre contemporain. Le récit du Bon Samaritain[38] nous donne un repère quant à cette extension à l'étranger, voire à l'ennemi, de la notion de prochain. Le proverbe arabe « Tuer un être humain, c'est tuer le monde entier » nous dit au fond la même chose. Quant aux données génétiques du système HLA, découvert par

---

36. Voir p. 108.

37. *Cf.* Maurice Allègre et Yves Quéré, « Managing Today for Tomorrow », *in Colloque AEN*, OCDE, Paris, 1994.

38. Luc 10, 29-37.

Jean Dausset, elles confirment le caractère totalement singulier de tout humain, conférant à chacun la dignité de tous, aujourd'hui et demain.

Voici maintenant que l'homme auquel l'éthique me demande de porter sollicitude devient celui d'un futur immensément lointain. Jusque-là, la rencontre d'homme à homme entre contemporains était toujours possible. Elle devient ici impensable. Aucune cordialité ne s'établira jamais entre des êtres que des siècles, *a fortiori* des millénaires, séparent. Nous voici désormais confrontés à une inquiétude sans précédent, la règle d'or nous prescrivant des devoirs envers une humanité pour nous irrémédiablement sans visage, et invités à prendre en compte la paix et le bien-être d'humains rigoureusement inconcevables dans leurs mœurs, leur savoir et leur rapport avec la nature. Seront-ils, par évolution naturelle ou artificielle, devenus des sortes de « surhommes » capables de réduire à rien les méfaits des rayonnements ? Seront-ils au contraire redevenus, après d'effroyables cataclysmes, des « hommes des cavernes » ayant perdu tout savoir ? Auront-ils une notion de leurs lointains ancêtres ? Auront-ils conscience des dangers que nous leur léguons[39] ?

Essayer de percer ces brumes et de penser à eux a-t-il un sens ? À quoi bon nous interroger sur cette humanité future puisqu'il est impossible de répondre !

---

39. Très concrètement, il est peu concevable que les hommes vivant dans dix ou cinquante mille ans sachent, par exemple, déchiffrer nos messages, lire nos cahiers de consignes (ou ce qu'il en restera) ou les panneaux de danger repérant les aires de stockage de déchets, à supposer qu'ils aient été entretenus ou régulièrement réinstallés.

Parmi tant d'inconnues qui nous harcèlent, au moins avons-nous une certitude : *notre négligence nuira*. Nos conduites présentes ont acquis le redoutable pouvoir d'exercer des effets quasiment illimités dans le temps. La dimension du mal donne l'étendue de la vigilance requise[40].

Cette vigilance, bien sûr, s'applique en priorité à nos contemporains, à leur santé et à leur sécurité. C'est à eux d'abord que nous devons appliquer notre éthique. Mais au moins nos activités sont-elles les leurs. Bénéfiques, ils en profitent. Maléfiques, ils ont la possibilité de les combattre. Dangereuses, ils peuvent en général en être protégés. En regard de quoi elles impliquent désormais d'innombrables générations futures totalement non responsables et possiblement victimes. Nous devons apprendre à tenir une accumulation de nos déchets qui serait non maîtrisée pour une iniquité à leur égard et, plus généralement, l'exploitation intensive des richesses de la planète pour un vol à leur détriment.

Nous serions gravement coupables si nous négligions cet élargissement vers eux de l'éthique : par le biais des risques que nous leur imposons, elle nous charge de devoirs spécifiques de frères aînés.

-----

40. C'est ainsi que, dans la plupart des pays industrialisés, des recherches poussées sont menées en vue de déterminer les meilleures conditions de stockage de longue durée pour ces déchets : étude des conteneurs (matériaux, corrosion...), travaux de géologie (pour le cas du stockage souterrain), modélisations (voir p. 45) de la « tenue » de ces stockages portant sur des dizaines de millénaires... En France, où l'Agence nationale ANDRA est chargée de ces études, nous contribuons à leur financement par un certain pourcentage de nos factures d'électricité.

6

Statuer

Des étudiants de disciplines scientifiques, récemment interrogés sur ce qu'évoquait pour eux le mot de *résonance*[1], donnèrent des réponses intéressantes[2] : toutes se rapportaient à des faits soit catastrophiques (rupture du pont suspendu d'Angers sous le pas cadencé d'un régiment d'infanterie...), soit fâcheux (verre de cristal qui se brise pour une certaine note du piano...), soit simplement déplaisants (*effet Larsen* dans les enceintes acoustiques...). Il est remarquable que, pour ce public *a priori* bienveillant, un terme du langage scientifique ait fait naître des images systématiquement négatives, alors qu'auraient pu être mentionnées — au

---

1. On dit qu'un objet entre en résonance avec une onde (sonore, mécanique, lumineuse...) extérieure lorsque la fréquence de celle-ci est (ou devient) égale à une fréquence d'oscillation propre, interne, de cet objet qui, de ce fait, se met à vibrer sous l'influence de cette onde.
2. ... communiquées par Édith Saltiel.

moins à égalité ! — la résonance magnétique nucléaire et ses applications si bénéfiques pour la médecine, la précision étonnante de la montre à quartz, les utilisations multiples du laser, ou l'émouvante sonorité du hautbois.

Ce biais est assez caractéristique de notre temps où, souvent, le fait scientifique inspire, d'instinct, *d'abord* la peur. Mais, au-delà du *fait*, quelle place la science elle-même — que nous rencontrons aux croisées de tant de nos chemins — tient-elle dans notre esprit et en notre cœur ? La maîtrise du monde qu'elle nous donne provoque, avons-nous vu, des opinions contrastées. Mais là n'est pas, et de loin, notre seul face-à-face avec elle. Prise globalement, comme manière de penser, comme branche du savoir, comme école de comportement, elle peut nous séduire, nous ennuyer, nous distraire (n'y a-t-il pas une « science amusante » ?), nous tourmenter, nous passionner..., mais elle n'a rien, à coup sûr, pour nous laisser indifférents. Elle suscite donc commentaires, appréciations, et finalement sentence : sur elle nous statuons, sans que cela nous empêche d'évoluer, jour après jour, volages que nous sommes dans nos jugements.

Pénétrons dans le prétoire et prêtons l'oreille aux arguments. Aucun n'est neutre. Ici élogieux, voire dithyrambiques ; là sévères, voire cruels. Puisque, dans tout ce qui précède, s'est exprimé très librement un témoin plutôt bien intentionné, laissons donc ici plus de place à ceux-ci qu'à ceux-là. La justice y trouvera son compte, elle que nous avons donnée plus haut pour fille toute naturelle de la science.

Une science généreuse et adulée...

Dans ces jugements, l'admiration a largement sa part.

Celle qui s'attache à l'élucidation qu'elle nous offre du monde[3] et aux innombrables bienfaits qu'à juste titre on lui attribue et qui donnent parfois à nos révérences — notamment dans le domaine médical — une légère saveur (un certain relent ?) d'intérêt égocentré. Celle que suscitent les plus grandes de ses découvertes, miracles de subtilité, de profondeur et souvent de beauté. Celle aussi que l'on porte assez naturellement à ce qui nous semble inaccessible : une bonne part de la majesté de l'Everest tel qu'il apparaît au randonneur lointain des collines du Népal ne dérive-t-elle pas de l'impossibilité dans laquelle il est d'en atteindre le sommet, voire même peut-être les contreforts ? Celle enfin que mille récits quelque peu empreints de piété[4] ont imprégnée en nous, habillant le « savant[5] » de mille

---

3. « La science nous permet de comprendre le monde où nous vivons et les lois qui le régissent. Il m'apparaît que, pour l'assemblée d'êtres pensants que sont les humains, il est certes des tâches plus immédiatement urgentes ; il n'en est pas de plus importantes. » Anatole Abragam, *De la physique avant toute chose ?*, Paris, Éditions Odile Jacob, 2000, p. 360.

4. En témoignent ces deux pages d'un livre d'histoire moderne destiné aux jeunes collégiens anglais des années 1950 avec — en un face-à-face saisissant — à gauche, un portrait en pied de Napoléon sur champ de bataille, intitulé (non sans quelque raison) : *Napoleon, man of Death* ; et à droite, la célèbre image d'un Pasteur assis, scrutant son éprouvette, intitulée, celle-là : *Pasteur, man of Life*.

5. « Quand les hommes de science étaient très ignorants, ils étaient nommés savants. Quand ils ont commencé à trouver, ils ont été appelés chercheurs. » Jean Bernard, *Médecin dans le siècle*, Paris, Robert Laffont, 1994, p. 69.

vertus, le génie se mariant chez lui avec la bienveillance, la droiture, le goût quasi artisanal du travail bien fait, l'honnêteté, la rigueur intellectuelle, l'intégrité morale et la foi dans l'irrépressible progrès de l'humanité.

À défaut des espoirs excessifs qu'avait fait naître sur ce dernier point, à la fin du XIXe siècle, un scientisme désormais passé de mode, subsiste dans son sillage, chez beaucoup, l'idée moins généreuse mais réaliste que la science nous procurera encore longtemps de substantiels bénéfices matériels.

Il n'est guère besoin de développer longuement le thème, fort classique, des bienfaits que nous devons à la science. De l'augmentation de notre espérance de vie à l'amélioration de nos conditions d'existence, de l'explosion de nos connaissances en mathématiques, en astronomie, en sciences de la Terre, en sciences de la vie, en sciences physiques... aux immenses progrès de la médecine, des techniques de communication, des moyens de transport..., on ne sait à quoi il faut le plus applaudir.

C'est sans doute à ces bienfaits que la science doit désormais de n'être plus, parmi nos pôles d'intérêt, aussi superbement ignorée qu'elle l'était jadis, à croire qu'elle n'existait pas. Ainsi dans son *Journal*[6], un observateur de la société aussi attentif que Jules Renard pouvait écrire plus de mille pages et citer près de douze cents personnages de la littérature, de l'histoire, des arts, de la politique..., présent et passé confondus, en n'évoquant la science qu'*une seule* fois, et dans les

---

6. Jules Renard, *Journal (1887-1910)*, Paris, Gallimard, Bibliothèque de la Pléiade, 1965, p. 404.

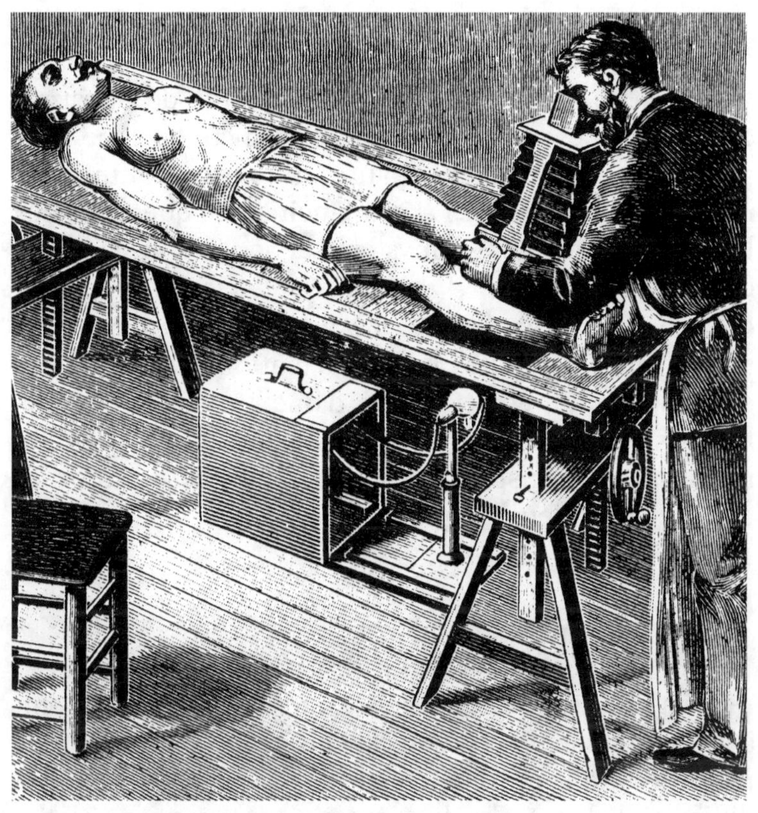

« *Les rayons Roentgen, une plaisanterie enfantine* »,
Jules Renard.
Équipement pour examen radioscopique et photographique
aux rayons X en 1897.
In Leonard de Vries, *Les folles inventions du XIXe siècle*, Planète, 1972,
p. 122.

termes que voici : « Les rayons Roentgen, une plaisanterie enfantine. Ça me rappelle les expériences de chimie puériles [...]. Derrière l'écran, le Professeur [...]

fait passer des boîtes, des mains, des bras [...]. Ce qu'on voit le mieux, c'est les boutons de manchette. »

C'est aussi à ces bienfaits que doit de subsister chez quelques optimistes, la croyance quelque peu pathétique que la science saura un jour ou l'autre donner toutes les réponses à nos lancinantes questions sur l'origine du monde, les mystères de la vie et les arcanes de la conscience.

Comment, cependant, ne pas percevoir en même temps, mêlés à toutes ces appréciations et à tous ces espoirs, l'inintérêt et l'ennui d'une part, l'inquiétude, l'angoisse et les réactions de rejet d'autre part, que cette même science inspire ? À ces deux types de lézardes dans l'image, deux origines distinctes.

... mais au statut mal perçu...

La première a trait à nos jeunes années et, souvent, à l'enseignement que nous avons reçu. N'en blâmons pas trop vite les professeurs et reconnaissons plutôt la difficulté de leur tâche. La science ne se laisse pas aborder frontalement mais elle requiert, si possible installées tôt chez l'enfant, une attitude flexible face au monde, une aptitude à renoncer à certaines évidences, une capacité d'adhésion intellectuelle — parfois d'acte de foi — à justification différée, bref une plasticité de l'esprit que l'on peut avoir du mal à faire cohabiter avec la rigueur par ailleurs exigée et le besoin de clarté que nous éprouvons tous.

Cette difficulté avait fort bien été mise en évidence lors d'une enquête lancée par la Société française de physique, dans les années 1980, sur la perception qu'avaient de la physique des élèves de Terminale. À partir des milliers de questionnaires dépouillés, c'est une image assez maussade de cette discipline qui se fit alors jour. En dépit de certaines déclarations positives, voire enthousiastes, la réponse moyenne ressemblait à ce qui suit[7] : « Les mathématiques, on aime ou l'on n'aime pas, mais au moins sait-on où elles vont et ce à quoi elles veulent aboutir : démontrer rigoureusement des théorèmes. Rien de tel avec la physique, qui erre de *lois* en *approximations* (de Mariotte[8] à Gauss), d'*effets* en *équations* (de Cherenkov à Maxwell), de *théorèmes* en *expériences* (d'Ampère à Millikan), de *principes* en *théories* (d'Archimède à Newton), sans que l'on comprenne la logique interne ni l'agencement de toute cette machinerie, sans que l'on perçoive où elle va, ni comment elle y va. » En un mot, la physique apparaissait à nos jeunes amis comme un bricolage ennuyeux et approximatif, sans attrait ni grandeur, masquant ses carences par un cache-misère de (mauvaises) mathématiques, certains citant même l'existence des « erreurs expérimentales » comme preuve de l'inanité d'une discipline qui reconnaît elle-même qu'elle se trompe !

Passons sur cette dernière outrance, mais reconnaissons qu'il est souvent difficile, pour qui aborde la science, de s'y retrouver dans son élaboration, dans sa démarche propre, et notamment dans ce va-et-vient

---

7. Yves Quéré, Préface de Marie-Hélène Auvray, *Électrostatique, magnétostatique, optique géométrique*, Paris, PUF, 2001.

8. ... ou de Boyle, selon la latitude où l'on se trouve.

permanent qu'elle nous impose, parfois douloureuse-
ment — à l'instar du torticolis qui guette les habitués de
Rolland Garros —, entre l'observation et la réflexion,
entre l'acte d'expérimenter et celui de théoriser. Difficile
aussi de comprendre de prime abord ce que nous avons
déjà entrevu : que la science se construit en segments
non jointifs, qui « tangentent » localement (en termes de
domaines de validité) la réalité sans jamais la recouvrir
complètement ; et que son statut se situe souvent moins
dans le registre de l'explication que dans celui de la description. La science nous dote en effet d'un discours sur
la nature à la fois subtil, cohérent, prédictif, et fécond
d'applications innombrables, alors que les causes profondes et les fins ultimes nous échappent.

Retenons ici que si les adolescents ont quelque mal
à comprendre comment la science procède et à assimiler tout ce qu'un discours sur la nature peut avoir
d'apparemment morcelé en même temps que d'admira-
ble, s'ils oublient un peu vite tout ce qu'ils lui doivent
— dont souvent la vie —, alors convient-il de tenir ce
discours aux enfants aussi précocement et aussi ingé-
nument que possible. Nous l'avons dit.

... et aux retombées parfois détestables

La seconde tient bien sûr aux méfaits que, à raison
parfois et parfois à tort, on attribue à la science.

Une certaine défiance a longtemps prévalu face à
une discipline qui éloignait, pensait-on, de Dieu ou qui
se donnait le droit de rectifier des enseignements que

l'Église avait seule autorité, estimait-elle, à donner valablement. Les méfaits étaient, là, d'ordre spirituel : c'est notre âme et à défaut — pour ceux qui peut-être n'en avaient pas — notre esprit qu'ils altéraient, et notre salut qu'ils menaçaient.

Il en est désormais de bien plus concrets, qui mettent en péril notre santé, voire notre vie ou qui, dans des cas extrêmes, enténèbrent durablement notre conscience. Beaucoup situeront à Hiroshima et à Nagasaki les deux lieux de naissance d'une science qui devient génitrice de malheurs jusque-là inimaginés, et à Nuremberg le soudain constat qu'elle mérite procès pour sa connivence avec des pratiques infâmes qui, en partie, se réclamaient d'elle.

En réalité, le constat que la science peut engendrer le malheur est antérieur à 1945. Ainsi, l'irruption des gaz de combat dans la guerre de 1914-1918 a été aussitôt passée au débit de la science, ce qui a valu à celle-ci un certain rejet d'une partie de l'opinion durant plusieurs des années d'après-guerre. À ces gaz reste attaché le nom du chimiste Fritz Haber qui y travailla avec ardeur et sens du devoir patriotique[9]. Sa femme Clara, elle-même chimiste, horrifiée par les nouvelles du front des Flandres[10] et ne réussissant pas à persuader son mari d'arrêter ses travaux, se suicidera le 1er mai 1915 avec l'arme de service de ce dernier.

---

9. Max Perutz, « Le cabinet du Docteur Fritz Haber », *La Recherche*, 297, 1997, p. 78.

Sur le rôle des guerres dans le rejet de la science, voir également Freeman Dyson, « La science en difficulté », *in* Gérard Toulouse, *Regards sur l'éthique des sciences, op. cit.*, Paris, p. 168.

10. La première attaque (au chlore) eut lieu le 22 avril 1915 en face d'Ypres. Il convient de noter que tous les généraux allemands engagés sur ce front avaient refusé d'utiliser cette arme, sauf un.

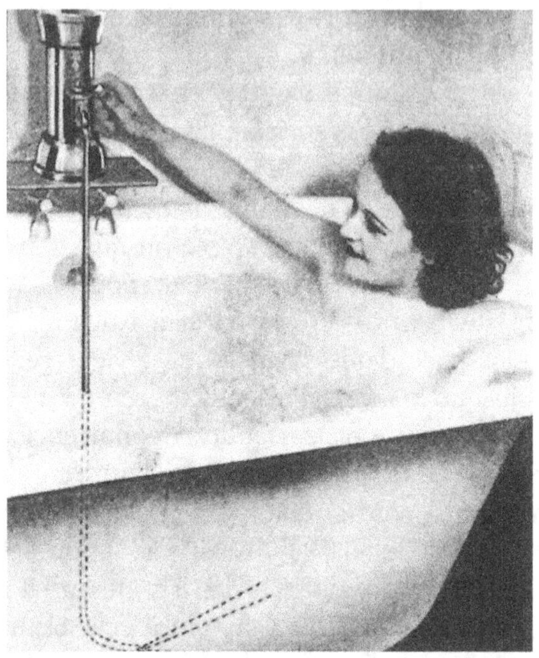

« ... *pathologies liées à des techniques encore peu éprouvées* » (p. 131)
Publicité pour des bains radioactifs. La baignoire est munie d'une
fontaine à radium (années 1930). Il est conseillé, pour une cure,
de prendre une vingtaine de bains que l'on renouvellera.
In Monique Bordry et Soraya Boudia, *Les Rayons de la vie*,
Institut Curie, 1998, p. 130.

Naissance, donc, d'une science qui nourrit cette inquiétude[11], sur qui fusent nos diatribes et nos condamnations, visant bientôt à la fois les *dégâts* qu'elle provo-

---

11. « Décourageant paradoxe : c'est au moment où l'homme connaît par la science son plus haut triomphe sur la nature qu'il expérimente en sa conscience l'inquiétude la plus rationnellement motivée. » Pierre-Henri Simon, *Questions aux savants, op. cit.*, p. 26.

que, par techniques interposées, et les *méthodes* qu'elle utilise.

Ceux-là, les dégâts, sont massifs lorsque la science — ici, la chimie, pratiquée sans évaluation sérieuse des risques (Minamata, 1965 ; Bhopal, 1984) ; là, la physique, appliquée sans maîtrise des protections ni respect des consignes (Tchernobyl, 1986[12]) ; là encore, la géologie utilisée sans prévision, même à court terme, des évolutions écologiques (mer d'Aral, années 1970)... — entraîne des catastrophes majeures, frappant, tuant, mutilant des êtres innocents que, à aucun moment, l'on a avertis des périls qui les menaçaient. Ils sont plus diffus lorsque — pathologies liées à des pollutions atmosphériques mal définies, à des médicaments insuffisamment testés ou à des techniques encore peu éprouvées... — ils touchent les uns et les autres plus ponctuellement, sans preuve indéniable de l'origine du mal qui les frappe. Dans les deux cas, l'image de la science est atteinte et se dégrade.

Image sombre, en effet, que celle révélée par une enquête récente dans laquelle on a proposé à des élèves de l'enseignement agricole (de 11 à 18 ans) d'écrire de courtes nouvelles, la seule contrainte imposée étant que le thème ait trait à la recherche scientifique, notamment agronomique[13]. Certes il faut tenir compte du climat de violence et d'épouvante que véhiculent bandes dessinées

---

12. On en lira le récit effarant *in* Grigori Medvedev, Préface de Andreï Sakharov, *La Vérité sur Tchernobyl*, Paris, Albin Michel, 1989.

13. Pascale Scheromm (coordin.), *Quand les jeunes écrivent la science*, INRA Éditions, 2001.

et jeux vidéo à thèmes de technique-fiction, climat qui ne peut qu'ajouter ses effets à ceux qui nous intéressent ici. Toujours est-il que, au-delà des titres dont certains sont éloquents (*Épines de roses, Le Virus de la guerre, Snack la Terreur, Les Maladies de la nourriture, L'Été tragique, Le Château maléfique, La Tomate désastreuse, La Prune meurtrière, La Porte de mes cauchemars...*), « domine la figure du savant fou et d'une science qui n'est jugée qu'à ses résultats, presque jamais à ses aptitudes à comprendre la nature, [résultats] qui ne sont pas brillants puisqu'ils dénaturent le monde naturel, voire empoisonnent l'humanité par bêtise ou par désir de profit[14] ». S'exprime ainsi l'une de ces adolescentes : « Il ne faut pas ignorer la science car elle fait partie intégrante de notre vie [...], mais elle a tout de même un aspect négatif car, en fait, aussi bien les scientifiques que les autres sont obnubilés par le côté matériel et pratique de notre vie, à en oublier presque les valeurs humaines [...], à ne plus parler avec son cœur, ses émotions, ses douleurs[15]. » La figure du *savant fou* apparaît déjà chez Jules Verne, jetant dans son œuvre une ombre passagère sur l'image d'une science prodigue en exploits et en bienfaits : dans « *Face au drapeau* », un chimiste dément menace ses contemporains d'une gigantesque explosion ; c'est la vue de l'emblème national qui, au dernier moment, le retiendra de passer à l'acte.

---

14. Daniel Boy, *in Quand les jeunes écrivent la science, op. cit.,* Préface, p. 21.
15. Khédidja Bouara, *in ibid., op. cit.,* p. 149.

Si l'on redoute ces dégâts et si on les attribue à la science, encore convient-il de reconnaître qu'elle est capable d'en détecter d'inattendus et de contribuer à les amoindrir. Exemple emblématique, celui de la découverte par Sherwood Rowland et Mario Molina du mécanisme de destruction, par le fréon de nos réfrigérateurs et de nos vaporisateurs, de la couche d'ozone stratosphérique. Cette couche nous protégeant de certains rayonnements dangereux du Soleil, on put ainsi diagnostiquer un risque potentiel considérable. Il en résulta une décision internationale (Protocole de Montréal, 1987) qui aboutit à l'élimination des rejets de fréon, totale dès 1996.

Des acteurs égratignés

Celles-ci, les méthodes que pratiquent les professionnels de la science, ainsi que leurs comportements, sont souvent dénoncées, et ce sur plusieurs registres distincts.

Le lancement des recherches sur les armes nucléaires a vu la science s'entourer de mystère et s'enfermer dans un nécessaire secret, en rupture avec une solide tradition d'ouverture. Une confidentialité de même aloi s'est installée dans les recherches de nature industrielle, entraînant cloisonnements et, parfois, redondances.

Depuis beaucoup plus longtemps, des hommes de science se chamaillent, parfois se déchirent, sur la primeur de leurs découvertes, sur l'antériorité de leurs idées, sur la légitimité de tel prix, sur la validité de telle récompense, voire sur l'ordre des signataires de telle publication[16]... au détriment de la sérénité de leurs débats, de la mise en commun de leurs résultats et finalement de l'image qu'ils donnent d'eux, où semblent parfois dominer passions, ambition et vanité[17].

On présente souvent l'*ambition* — noble si elle désigne le désir de trouver, agaçante lorsqu'elle n'est que soif d'honneurs — et ses à-côtés (course aux invitations, aux nominations, aux décorations...) comme le moteur principal de l'effort des chercheurs ; et l'on brocarde volontiers leur *vanité*. Celle-ci existe et n'est pas récente. Jérôme Cardan, mathématicien, médecin, inventeur du joint qui porte son nom et auteur prolixe écrivait, vers 1560 : « Tu dois savoir, lecteur, qu'il n'est aucune de mes inventions que tu puisses placer au-dessus des autres[18] », déclaration que plus d'un scientifique fait sans doute sienne *in petto* sans oser toutefois l'imprimer en tête de son curriculum avec autant de sincérité.

---

16. La science n'a certes pas l'exclusivité des polémiques de cette nature. Toute activité humaine en engendre, même dans l'air pur et vivifiant des cimes. *Cf.* Philippe Joutard, *L'Invention du mont Blanc*, Paris, Gallimard/Julliard, collection « Archives », 1986, chap. 9.

17. Stendhal, sur ce chapitre, n'est pas tendre : « Legendre, géomètre de premier ordre, recevant la croix de la Légion d'honneur, l'attacha à son habit, se regarda au miroir et sauta de joie. L'appartement était bas, sa tête heurta le plafond, il tomba à moitié assommé. Digne mort c'eût été pour ce successeur d'Archimède. » Anecdote aigre-douce qui annonce un jugement bien plus cruel : « Chose singulière, les poètes ont du cœur, les savants proprement dits sont serviles et lâches », avec néanmoins une exception : « Monsieur Fauriel, un vrai savant aimant la science pour elle-même, chose si rare dans ce corps. » Stendhal, *Vie de Henry Brûlard*, Paris, Gallimard, Bibliothèque de la Pléiade, 1955, p. 206 et 339.

18. Jérôme Cardan, *Ma vie*, Paris, Belin, 1991, p. 194.

En rester là serait un peu court. La joie d'apprendre et celle d'enseigner, le désir de connaître, l'excitation de découvrir, le goût de collaborer, pour certains une volonté plus altruiste de participer au développement des pays pauvres et l'ambition d'être utile à la société, tout cela se rencontre bel et bien dans les laboratoires[19]. Mais, noble ou non, cette ambition n'est-elle pas susceptible de nuire à la recherche de la vérité, cet attribut emblématique de la science ? Le soupçon existe et des fraudes attestées, auxquelles s'ajoutent ici ou là plagias, vols d'idées ou autres inconduites, viennent en effet — même lorsqu'elles sont locales et circonscrites — le justifier et alimenter sur ce point les doutes des sceptiques. Ces fraudes sont d'autant plus célèbres que, à vrai dire, relativement rares. Entre autres, évoquons l'affaire Lyssenko, aux relents politiques ; ou le cas de Cyril Burt, psychologue qui avait inventé des paires de jumeaux, soi-disant élevés séparément l'un de l'autre, et venant bien à propos à l'appui de sa thèse sur l'hérédité de l'intelligence[20].

Plus inquiétante enfin apparaît à certains la complicité qui s'est tissée entre science et pouvoir, comme entre science et argent. L'existence d'agences de recherche gouvernementales, les décisions ministérielles, les fonds publics ou privés qui orientent, par le biais

---

19. Ajoutons que, si ambition il y a, elle n'est guère d'ordre financier, beaucoup de scientifiques estimant que ces satisfactions valent bien la relative modestie de leurs revenus et, bien souvent, la précarité de leurs contrats de travail.

20. L'ambition n'est pas le seul ingrédient de ces dérapages. Il y a aussi parfois, plus plaisamment, la naïveté. Ainsi, le mathématicien

des appels d'offre et des contrats, les travaux des laboratoires dans des directions décidées en haut, de nature souvent militaire[21], tout cela est susceptible de polariser l'activité scientifique vers des objectifs pré-établis, en contradiction semble-t-il avec la liberté qu'exige une progression autonome du savoir. Qui plus est, les réseaux d'influence dans lesquels l'homme de science se trouve ainsi inséré, les liens personnels — voire les allégeances — qui en résultent et les rémunérations qu'éventuellement il reçoit pour prix de son expertise ne mettent-ils pas en cause son indépendance dans les

---

Michel Chasles (dont tout collégien connaît la « relation », qui lui parle de vecteurs), collectionneur d'autographes, se fit-il duper par un certain Vrain-Lucas qui lui vendit, fort cher, de fausses lettres de Pascal. Ces lettres — prétendument destinées à Newton, à Galilée, à Boyle... (« Monsieur et jeune amy... », lui faisait-il écrire le 2 décembre 1657 au jeune Newton, « estudiant », qui avait alors 15 ans !) — établissaient sans aucun doute possible que la paternité de la gravitation universelle revenait à leur auteur.

Chasles donna, sur fond de patriotisme, un bien malencontreux retentissement à ce courrier, par l'intermédiaire des *Comptes Rendus de l'Académie des sciences* (1867), ce qui provoqua une polémique historico-scientifique et valut finalement, en 1870, deux ans de prison et cinq cents francs d'amende à Vrain-Lucas. *Cf.* Jean-Paul Poirier, *Mystification à l'Académie des sciences*, Paris, Le Pommier, 2001.

21. ... sans que l'on sache toujours si l'incidence finale, sur la science, de ces travaux est positive ou négative : « On entend souvent dire que l'Allemagne et le Japon ont bénéficié du fait qu'ils n'avaient pas eu à supporter le poids de dépenses militaires importantes. Mais, en même temps, on a entendu l'argument contraire suivant lequel un pays comme la France, qui a fait le choix de hautes technologies dans son développement industriel, les a notamment financées et guidées par les recherches en faveur de la défense [...]. Dans la mesure où les dépenses militaires vont maintenant diminuer, où va aller l'argent qui irriguait ce type de recherche ? » Robert Dautray, en dialogue avec Bernard Ésambert, *in Les Grand Systèmes des sciences et de la technologie*, Hommage à Jules Horowitz et Jacques-Louis Lions, Paris, Masson, 1993, p. 324.

jugements que, de plus en plus, on lui demande de porter sur tout, au nom précisément de l'« esprit scientifique », gage supposé de rigueur et de rectitude ?

Des incidences redoutables

Enfin, dernier soupçon et pas le moindre, la science nous entraîne en des lieux que la morale réprouve, ou en tout cas qu'elle nous fait redouter d'aborder. Ainsi, personne ne conteste le bien-fondé des recherches biologiques et médicales, mais beaucoup s'inquiètent de certaines des possibilités qu'elles ouvrent, contraires à l'idée qu'ils se font de la dignité de l'être humain. Estimera-t-on, demain, avoir le droit d'opérer le cerveau de tel schizophrène aux fins de le rendre « normal », la technique opératoire en ayant été mise au point ? Et pourquoi pas le cerveau de tel esprit frondeur, de tel syndicaliste remuant, ou de tel original patenté ? Un rêve de cet ordre — nous y voyons plutôt un cauchemar — semble avoir existé déjà chez les Incas qui enserraient, comme en font foi les ossements retrouvés sur le site bolivien de Tiwanaku, le crâne de certains nouveau-nés entre des planches afin sans doute de modifier leur comportement ultérieur[22].

---

22. Même rêve, en un peu plus élaboré, chez le savant de *L'Âne d'or* qui a mis au point « des calottes en caoutchouc qui, appliquées de bonne heure sur la tête de l'enfant, compriment les organes vicieux et malfaiteurs, et développent au contraire les organes intelligents [...] de sorte qu'il n'y aura plus ni voleurs, ni crétins, ni usuriers, ni paresseux ». Gérard de Nerval, *Contes et facéties*, Paris, Gallimard, Bibliothèque de la Pléiade, 1974, p. 535.

À ces accusations, ou à ces défiances, on connaît la réplique habituelle des hommes de science : « Tout cela, ce n'est pas nous. Nous ne sommes pas responsables des utilisations que l'on fait de notre savoir. Adressez vos critiques aux politiques, aux ingénieurs, aux banquiers, aux hommes d'affaire, aux publicistes, aux militaires, aux chefs d'entreprise, aux chirurgiens... Et laissez-nous travailler en paix ! »

L'argument n'est pas toujours faux, mais il est notoirement insuffisant. Comment celui qui découvre une parcelle de vérité dans le monde, celui qui déclenche une nouvelle forme d'énergie, celui qui dévoile un mode inédit du fonctionnement des diverses machineries où nous sommes immergés — celles des objets comme celles de la vie —, comment celui-là pourrait-il se désintéresser de la suite des événements ? Comment pourrait-il travailler en paix si ce qu'il a découvert peut amorcer la guerre, celle des corps ou celle des esprits ? Comment pourrait-il se dire non-responsable alors qu'il est précisément souvent le seul à pouvoir *répondre* ?

Une image dédoublée

Telle est l'image que, de la science, une certaine diplopie mentale installe en nous : tout à la fois vaste ouverture sur le monde mais aussi tour d'ivoire inaccessible, agression de la nature mais aussi connivence avec elle, code abscons mais aussi langage universel, humble artisanat mais aussi rêve prométhéen, insidieuse source d'angoisses mais aussi prodigieux moteur de progrès[23], école de liberté mais aussi servante des pouvoirs. Elle est tout cela, la science, parfois simultanément, dans notre *moi* profond comme dans l'imaginaire public.

C'est souvent là, dans ces zones de contradictions réelles ou apparentes, sur ces lignes de frontières où elle avance tout en créant débat, c'est souvent là que nous recevons le plus d'elle, là qu'elle nous éduque le mieux, qu'elle nous transforme et, finalement, nous aide à grandir.

---

23. ... progrès des connaissances et des techniques qui n'impliquent pas obligatoirement un progrès des civilisations : « Stagnations du Moyen Âge en Europe, troubles du continent asiatique à l'époque moderne, guerres mondiales du XXᵉ siècle, sophistication accrue des procédés pour tuer les hommes : l'humanité n'a pas eu tendance à devenir plus civilisée au fil des progrès scientifiques et techniques. » Gao Xingjian, *La Raison d'être de la littérature* (Discours de réception du prix Nobel), La Tour-d'Aigues, L'Aube, 2000, p. 21.

Variations

Si la science nous aide à grandir, elle n'est pas seule à le faire. Les autres disciplines de l'esprit y contribuent, chacune à sa manière. Mais, en cette commune entreprise, leur donne-t-elle la main ? Ou ne joue-t-elle pas plutôt en solitaire ?

Des deux, c'est ce rôle-ci qu'on lui attribue souvent : sûre d'elle, autonome, elle ne se soucierait guère de ses compagnes. En forçant un peu le trait, elle vivrait sa vie à l'écart des grands courants de pensée, cheminant en un splendide isolement, loin des lieux où, en revanche, s'élaboreraient la réflexion et la délibération et où se développerait l'esprit de finesse : fleuve impétueux mais frustre, sans affluent, n'irriguant qu'une vallée sauvage et aride, tandis qu'ailleurs jailliraient les sources et fleuriraient les vergers.

Images fallacieuses. Avec les autres disciplines, la science interagit. Souvent elle s'en nourrit, souvent elle les nourrit : relations quasi familiales, avec ce que cela comporte de non-dit, de quiétude, d'« allant-de-soi », mais aussi d'alliances, d'ardeur, de tensions, de crises, de querelles avec ou sans lendemain, de brouilles, parfois de séparations.

Des quelques textes qui suivent, courtes variations sur le thème général développé jusque-là, les premiers évoquent certains de ces liens de parenté, certaines de ces démarcations. Le lecteur en imaginera bien d'autres : l'entrelacs de ces relations croisées est sans limite.

En lien fort avec le corps du texte, les deux derniers reviennent sur le fonctionnement du vaisseau « Science », tentant de montrer concrètement combien il est difficile de piloter un navire aussi fantasque qui, de bonaces en bourrasques, suit une route imprévisible, découvrant parfois de magnifiques paysages jusque-là inconnus au cœur même d'archipels que l'on avait la naïve illusion d'avoir antérieurement visités, répertoriés, catalogués et cartographiés de fond en comble.

1

La science en son Histoire

Le temps n'est plus, Dieu merci, où l'enseignement des sciences, dans le secondaire comme dans le supérieur, ignorait superbement toute allusion à l'Histoire.

Le phosphore de Jolibois

Et pourtant, ce temps n'est pas si loin. À la génération de lycéens dont je faisais partie, on semblait, sauf exception, n'énoncer les noms des théorèmes, des formules, des lois, des effets, des intégrales... que pour définir un repère simple, d'ordre mnémotechnique, permettant de les distinguer les uns des autres. Ainsi en allait-il de la formule de Moivre, de la loi de Mariotte, du double prisme de Newton, du phosphore de Jolibois, ou du montage de Cassegrain[1]... Ces appellations nous permettaient de réciter sans faille et comme par réflexe conditionné, lors des colles et oraux, la question de cours correspondante. Une fois ce rôle joué, le personnage en question, le plus souvent dénué d'épaisseur, allait dans notre esprit rejoindre tous les autres, en une strate d'un passé indéterminé, vaguement centré (du moins pour moi) sur le XVIIIe siècle. Certes, il y avait bien quelques exceptions, mais liées généralement à des circonstances extérieures aux sciences. Ainsi savait-on que Lavoisier avait connu un sort peu enviable lors de la Révolution française ; que Poincaré était célèbre au début du XXe siècle (mais il s'agissait du cousin germain, Raymond, homme politique) ; ou que Pascal illuminait le siècle de Louis XIV (mais c'était par *Provinciales* interposées). De tels contre-exemples, tous d'ailleurs relatifs au passé, ne retiraient rien au fait que la science nous était présentée comme un amoncellement de savoirs échus, connus de longue date sinon de toute éternité ; et qu'apprendre les sciences, c'était d'abord accumuler dans son esprit ce savoir.

---

1. La *formule de Moivre* donne l'expression des puissances (au sens algébrique) d'un nombre complexe. La *loi de Mariotte* décrit la variation du volume occupé par un gaz en fonction de sa pression et de sa température. *Le double prisme de Newton* permet de décomposer, par le premier, la lumière naturelle en ses couleurs élémentaires ; puis de constater, par le second, que celles-ci ne sont plus « décomposables » : elles sont monochromatiques. On désigne par *phosphore de Jolibois* une forme cristallographique particulière de cet élément chimique. *Cassegrain*, homme à la biographie incertaine qui semble avoir été fondeur et sculpteur, imagina, vers 1670, le montage optique qui porte son nom, améliorant le télescope à réflexion de Newton.

« ... *du double prisme de Newton* » (p. 143)
Dessin autographe de Newton (1666).

On comprendra, dans ces conditions, quelle put être ma stupéfaction, en arrivant à l'École des mines, d'apprendre que le professeur de chimie s'appelait Monsieur Jolibois, que c'était celui du phosphore et que je pouvais le regarder, l'écouter, voire même lui parler. Brusquement, un homme de science sortait des tréfonds où mon esprit l'avait laissé sédimenter. Je n'exagère pas en affirmant que cette rencontre avec un des « noms » de la chimie modifia profondément ma vision de la science et joua un rôle sensible dans ma décision de m'y diriger. Elle avait en tout cas déclenché une brusque et concrète prise de conscience de ce que la science a toujours été contemporaine, et de ce qu'elle est faite par des femmes et des hommes qui sont des vivants, avec un visage, une voix, un regard.

La science, une aventure

Certes tout cela peut paraître à la fois bien naïf (la plupart font ces constats sans passer par le détour de la rencontre avec un grand chimiste et beaucoup y ont été initiés dès l'enfance) et bien désuet (l'enseignement est désormais, infiniment plus qu'autrefois, en symbiose avec la recherche).

Sommes-nous cependant certains que ce que nous enseignons à nos enfants ou à nos étudiants dépasse toujours le stade d'une simple distribution de connaissances ? La science ne serait certes rien sans les objets du savoir accumulés par l'homme depuis le fond des temps et nous devons, d'abord, inciter les élèves à s'approprier ces objets, à les connaître et à savoir les manipuler. Il faut connaître les effets pour aborder les lois, connaître les lois pour aborder les théories. Tout cela s'apprend sans que le professeur doive à tout moment convoquer l'Histoire. Et pourtant, celle-ci ne doit jamais être maintenue à grande distance. À cette nécessité, trois raisons.

Les grands principes de la science ne tombent pas du ciel[2]. Ils émergent peu à peu, à partir d'un faisceau de faits, le plus souvent expérimentaux, et s'imposent si

---

2. Un *principe* est l'énoncé d'une propriété de la nature à laquelle diverses expériences nous conduisent, sans autre justification, à adhérer.

l'on veut à ceux-ci donner cohérence. Induits à partir de ces faits particuliers, ils ne tardent pas à irradier en des directions tout autres, ouvrant des aires de généralisation souvent insoupçonnées par leur auteur. Ainsi le « principe de Pauli[3] » s'inscrit-il dans une démarche, dans une « histoire », celle de la spectroscopie des atomes légers (notamment l'hélium), puis se développe-t-il dans d'autres, infiniment plus vastes. Le présenter sans la moindre allusion à cette double histoire, antérieure et postérieure, c'est le priver de la majeure partie de sa beauté et de sa compréhensibilité. C'est donc conforter l'élève dans l'idée que « tout ça, c'est arbitraire » et le condamner à prendre ce principe comme on prend une potion, au lieu de l'aider à le comprendre, c'est-à-dire à le « prendre avec » tout ce qui, historiquement, l'annonce, l'entoure, le nourrit et lui donne sens.

La science est une aventure. Même si cet énoncé va de soi chez celui qui connaît tant soit peu l'évolution de nos idées sur la nature, et *a fortiori* chez celui qui pratique la science, il risque de rester lettre morte, ou de

---

Le mot est le même, non sans raison, pour désigner l'armature morale ou sociale d'une nation. Ainsi, après l'effondrement de la France en 1870, Claude Bernard voit celui-ci « dérivant d'une seule cause morale, l'absence d'un *principe* ou d'une croyance [...]. Privée d'un principe [la France] est agitée au gré des vagues comme un navire sans boussole. Elle ne croit plus au droit divin depuis 93 ; elle ne croit plus au gouvernement constitutionnel ; elle ne croit plus non plus à la République. » 30 mars 1871, *in* Claude Bernard, *Lettres à Madame R.,* copyright Jacqueline Sonolet et Fondation Mérieux, 1974, p. 91.

3. Appelé aussi *principe d'antisymétrie*, il stipule — dans son énoncé le plus simple — que, dans un atome, deux électrons seulement peuvent avoir la même énergie. C'est, entre autres, toute la structure de la matière telle que nous la connaissons qui en découle, et donc aussi, à l'inverse, elle qui le justifie.

passer pour une plaisanterie, chez l'élève qui ne voit en elle que l'amoncellement d'objets (théorèmes, lois...) inertes et indigestes évoqué plus haut. Il importe de lui montrer que la science est au contraire une matière fluide, évolutive, sensible à l'air du temps et au génie propre des hommes ; qu'elle se construit le plus souvent dans l'enthousiasme et les conflits, bref dans la passion ; qu'elle modifie sans cesse notre vision du monde ; qu'elle nous parle des objets de la nature et de l'utilisation que nous pouvons en faire[4] ; qu'elle est porteuse de valeurs morales fortes ; qu'elle nous apprend la primauté de l'argumentation face à la brutalité, de l'honnêteté face à la tricherie, de la rigueur face au *n'importe quoi*, d'une certaine vérité face au « tout peut se dire » ; qu'elle établit entre l'homme et l'univers un somptueux dialogue, tissé par la médiation mystérieuse des mathématiques, à la fois « langage de la nature » et pure émanation du cerveau humain[5] ; qu'elle nous dévoile, à travers la simplicité formelle et la symétrie des lois, la beauté profonde du monde ; qu'elle tire

---

4. Double pédagogie de la *description* (qualitative et quantitative) et des *applications*, telle aura été durant des siècles l'armature des manuels d'enseignement des sciences. Relisons par exemple Chaptal : « Le fer est d'une couleur blanche, livide, tirant sur le gris, attirable à l'aimant, donnant du feu avec le quartz [...]. Il est le plus léger des métaux après l'étain [*N. B.* : la découverte de l'aluminium est postérieure à Chaptal] ; un pied cube de fer forgé pèse 545 livres [...]. Il est très dur, susceptible d'un beau poli ; on peut le tirer en fils très fins dont on fait des cordes de clavecin [...]. À l'aide de la chaleur, on peut lui donner toutes les formes imaginables... » Jean-Antoine Chaptal, *Élémens de chymie*, Déterville, An V (1796), tome second, p. 295.

5. Voir p. 27.

notre esprit vers un « savoir plus » ; et qu'elle est donc une pièce centrale de la culture humaine.

Cette vision dynamique d'une science toujours vivante, d'une science bien plus aimable que rébarbative, c'est par de fréquentes allusions à son déroulement, à ses percées mais aussi à ses stagnations voire à ses errements, à son enracinement dans les civilisations, à son lien avec le public[6], à ses prolongements dans les techniques, aux interpellations dont elle est l'objet, bref à toute son histoire, qu'on pourra la faire partager.

La science se fait aujourd'hui et ici. Certes, nul ne peut plus ignorer cette assertion et les Jolibois d'aujourd'hui sont mieux connus du grand public. Débats dans la presse, budgets que l'on vote, laboratoires que l'on construit ou que l'on ferme, applications de la science que l'on bénit ou qui terrifient, maladies que l'on guérit et maladies que l'on provoque... tout confirme à chacun une présence massive de la science dans notre vie. Et pourtant, que de contresens ! Combien, à la fin d'études pourtant scientifiques, ignorent l'essence même de la science et son expression première qui est l'*esprit de recherche* !

---

6. Déjà, peu après sa création par Colbert en 1666, Louvois demandait à l'Académie des sciences qu'elle travaille « aux matières qui peuvent être utiles au public et contribuer à la gloire du Roy » : même pour ce courtisan notoire, le public passe avant le roi ! Et de fait, c'est bientôt à l'Académie qu'allait revenir d'étudier l'alimentation en eau de Paris, la réforme des hôpitaux et celle des prisons, ou l'éclairage des villes. *Cf.* Christiane Douyère-Demeulenaere, *L'Histoire des cinq Académies*, Paris, Perrin, 1995, p. 208 et 214 ; et Roger Hahn, *L'Anatomie d'une institution scientifique, l'Académie des sciences de Paris, 1666-1803*, Archives contemporaines, 1993, p. 117-162.

L'esprit de recherche

Comment définir ici l'esprit de recherche ? Regardons pour cela ce jeune ingénieur aborder sa vie professionnelle.

Ou bien il y pénètre d'un pas conquérant, son savoir et son diplôme le cuirassant de certitudes. Le monde doit plier devant lui, plier à sa vision et non sa vision plier à la réalité. Il est celui qui sait, il domine les objets et les êtres, sur qui il s'apprête à exercer son empire. Le savoir n'est pour lui qu'un marchepied : notre homme a l'esprit de pouvoir.

Ou bien il y entre avec une assurance tout autre : celle que son savoir a surtout vertu apéritive, c'est-à-dire qu'il a mission d'ouvrir l'esprit et non de l'emplir et de le bloquer. Que tout est possible mais que rien n'est acquis. Que tout est devant lui, à découvrir ou à créer. Que les phénomènes de la nature, mais aussi les idées, mais aussi les êtres, demandent à être compris. Que maîtriser ceux-là ne veut pas dire dominer ceux-ci. Qu'il faut les aborder avec candeur et imagination, avec rigueur et honnêteté, en récusant l'usage de l'*a priori* et celui de l'*à-peu-près*. Qu'il exerce son activité dans une entreprise, dans un laboratoire ou dans l'administration, notre ingénieur a fait sienne la démarche de la science : il a l'esprit de recherche.

Ici encore, comment mieux préparer nos étudiants à cette perspective, comment mieux affiner leur curiosité, mieux les ouvrir au monde, mieux leur apprendre les vertus du questionnement, mieux encourager chez eux la quête du sens et le goût de la découverte qu'en associant, dans l'enseignement, construction de la science et histoire de la pensée ? Enseigner les sciences hors de tout contexte historique, en gommant toute leur capacité d'évolution et d'adaptation, c'est dans une large mesure donner aux enfants, aux élèves, aux étudiants, à penser qu'elles se situent dans un autre univers, temporel et spatial, que le leur, qu'elles ne les concernent pas vraiment, du moins en dehors de leurs applications, et qu'ils n'ont pas là de rôle à jouer. Plus directement, ce peut être aussi freiner leur capacité de découverte et brider leur imagination là où il faudrait continûment la stimuler et l'encourager.

Une science humaine et vivante

Qu'on ne voie pas, dans ces quelques remarques, un plaidoyer pour l'instauration d'un cours d'histoire des sciences dans l'enseignement secondaire ! Sans doute les programmes sont-ils déjà assez lourds, les horaires assez chargés et l'esprit des élèves assez sollicité pour qu'on n'introduise pas, à ce niveau, une matière supplémentaire qui, de surcroît, réclame une culture scientifique étendue pour être bien assimilée. Elles sont à la fois plus limitées et plus générales.

Plus limitées car elles ne suggèrent que d'entremêler, aux notions de science que l'on enseigne, quelques remarques pertinentes tenant à l'histoire[7], faites pour souligner les liens verticaux (D'où vient cette notion ? Où mène-t-elle ?) aussi bien qu'horizontaux (Quelles interactions avec les autres sciences ? Quelles conséquences philosophiques ? Quelles retombées sociales ?...) de la science avec la culture et avec la société.

Plus générales car, en émaillant ses cours de telles remarques, aussi brèves soient-elles, le professeur donne à la science qu'il enseigne une épaisseur et une richesse singulières. Plutôt que d'enseigner une « Histoire des sciences », discipline à part entière, il introduit tout naturellement l'élève à l'idée que la science, imbriquée dans l'Histoire, est elle-même une histoire ; qu'elle nous raconte une bonne part du cheminement de la pensée ; qu'elle nous relate l'antique débat entre l'esprit et les sens ; qu'elle a pour origine la curiosité des hommes, pour moteur leur faculté d'observer, pour aliment leur imagination, et pour compagne leur conscience ; qu'apprendre les sciences, c'est aussi cultiver ces vertus, en même temps que développer la volonté de découvrir, et qu'éduquer le sens de l'universalité.

Imbiber d'histoire l'enseignement des sciences, c'est rendre celles-ci tout simplement humaines et vivantes. C'est ressusciter la réflexion et la parole des hommes d'autrefois qui s'interrogeaient, alors, comme nous le faisons présentement. C'est par là, que nous les ayons apprises ou non, redonner vie aux langues anciennes qui ont porté leur pensée et préparé la nôtre.

---

7. On consultera par exemple *L'Europe des découvertes*, David Jasmin, *in* http://www.eur.org/lmalp/

2

Science et langues anciennes

L'enseignement des langues anciennes et celui des sciences ont-ils partie liée ? Alors que tout semble établir leur disparité, voire leur antinomie, n'existe-t-il pas entre elles un lien intime instituant une parenté de méthode et d'ambitions ?

Ce lien existe, il est fort et se manifeste à deux niveaux, celui du sens et celui des médiations[1].

Le postulat du sens

Si je me permets en premier lieu d'évoquer ici le garçonnet que j'ai été, c'est que les souvenirs qu'il me souffle à l'oreille sont sans doute ceux de tout un chacun.

---

1. *Cf. Bulletin de l'Association Guillaume Budé*, 50, mars 1993.

Lorsqu'il venait à bout d'une phrase réputée ardue de Tacite ou de Virgile, il éprouvait une grande joie. Et cette joie avait même substance que celle ressentie lorsqu'il trouvait la solution d'un exercice de géométrie. D'une part, c'était la même méthode pour aboutir : un mélange de règles strictes — apprises parfois dans la douleur mais qui recevaient là un salaire immédiat — et d'intuitions libres par quoi son imagination apprenait à trouver et son envol et ses contraintes. D'autre part, dans les deux cas il prenait la mesure, modeste mais décisive, de ce qu'est une découverte : une énigme quasi policière que l'on dénoue, le rideau qui se déchire devant une vérité cachée. Et s'il aimait à se battre ainsi avec un texte souvent aride alors que mille jeux l'appelaient, c'est en grande partie parce qu'une récompense l'attendait au bout du chemin : dissimulée dans ce qu'il avait pris d'abord pour une sorte de chaos de mots, se révélait toujours une signification. Comme se révélait une structure dans cette figure qui lui était d'abord apparue comme un embrouillamini de points, de lignes et de cercles.

Science et langue ancienne font découvrir à l'enfant, chacune à sa manière, le concept de sens. Ici, ce que des hommes lointains me disent au travers de tant de siècles opaques, là, ce que la nature dans sa permanence et ses mutations me donne à voir, tout cela possède signification ou structure, tout cela me fait peu à peu adhérer, conscient que j'en sois ou non, au postulat que « il y a un sens ». C'est là le premier mérite, immense, que je reconnais à l'étude des langues anciennes comme à celle de la géométrie. Elles m'apprennent, tout naturellement, à introduire dans ma vie ce « postulat du sens ».

Mais ce postulat, dira-t-on, l'enfant s'en imprègne tout autant en apprenant d'autres matières, et notamment les langues modernes ! Pour ces dernières, je n'en crois rien. Ma langue maternelle, tout d'abord, dans l'évidence de son emploi quotidien, ne me pose nullement la question du sens tant celui-ci m'aveugle. Lorsque, enfant, je lis telle page de Dumas, de Flaubert ou d'Éluard, mille interrogations peuvent surgir, sur sa vigueur dramatique, la force de son style, sa ligne poétique, mais pas véritablement sur son sens. Ou du moins, pas sur la possibilité qu'elle n'ait pas de sens. De même, s'agissant de langues vivantes, je puis fort bien peiner pour traduire telle phrase de Goethe ou telle de Poe, mais aucune réflexion n'en découlera sur le concept de sens tant ces hommes, historiquement, me sont proches, tant ils me sont *concrets*. C'est au contraire précisément le caractère *abstrait* des langues anciennes qui leur confère le pouvoir d'ouvrir l'enfant à ce concept. On considérera donc comme un grand privilège, pour ces langues, bien loin d'être « mortes », de nous apparaître comme « abstraites », car abstraites de nos préoccupations immédiates, éloignées de ce que nous sommes.

Les autres et la nature

Venons-en aux médiations, celles qui couplent notre *moi* intime avec le monde extérieur. Parmi elles, le langage et la science. Lui nous relie aux autres hommes ; elle nous ouvre à la nature. Lui brise notre solitude et apprend à chacun d'entre nous à vivre en être social ; elle nous insère dans l'univers et tempère notre effroi à son égard.

L'enfant est fort peu conscient de ces couplages, ou du moins de leur genèse et de leur développement. Ainsi dans la science ne voit-il de prime abord que des théorèmes ou des lois, objets figés dont les noms sonnent comme des potions. La substance fluide et belle de ce dialogue entre l'homme et la nature ne lui apparaîtra sans doute que plus tardivement. Au moins aura-t-il acquis les briques élémentaires qui lui permettront de rebâtir, pour lui, ce dialogue. Ainsi, dans les langues, même s'il les apprend de manière différente suivant qu'elles sont anciennes ou modernes, a-t-il peu l'occasion de s'interroger sur ce qu'est véritablement une langue. Sa langue maternelle est trop proche, trop familière. Et s'il en absorbe la structure et la syntaxe, c'est plus pour apprendre à la parler correctement que pour méditer sur sa fonction profonde. La remarque est encore plus vraie s'agissant des langues vivantes étrangères car le plus souvent il les apprend dans un but utilitaire, celui louable de pouvoir communiquer avec des étrangers.

Grec et latin lui permettent en revanche beaucoup mieux de pénétrer à l'intérieur d'une langue en raison, à nouveau, de leur caractère abstrait. Apprenant leur vocabulaire, et remarquant bien sûr ses résonances avec le nôtre[2], il perçoit directement le caractère évolu-

---

2. « Il semble bien difficile d'insérer les mots du français, sa structure, dans le langage scientifique sans une connaissance réelle de leur origine, le plus souvent grecque ou latine. C'est la condition nécessaire des nouvelles idées. » Jean-Claude Pecker, *in* Jacqueline de Romilly, *Lettre aux parents sur les choix scolaires*, Paris, De Fallois, 1994, p. 88.

tif du langage. Traduisant une version, message lancé dans l'océan des siècles par un homme qu'il croyait irréel et qui s'y découvre étonnamment prochain, il comprend mieux la stature universelle de ce qu'est une langue. Étudiant, enfin, la grammaire d'un idiome inusité, il investit par l'intérieur son mécanisme intime : n'étant pas distrait par la nécessité d'apprendre à converser, il en apprécie sans doute infiniment mieux le fonctionnement et la structure qu'il ne le fait pour une langue familière. Ne perçoit-on pas mieux la rotondité de la Terre en s'éloignant d'elle ?

Identifier, dans leurs méthodes et leurs ambitions, l'enseignement des sciences et celui des langues anciennes serait absurde. Il est trop clair que les finalités en sont largement différentes et qu'en particulier les usages qu'en feront l'enfant, puis l'adulte, sont de nature très dissemblable. Il demeure qu'une connivence profonde les rapproche. Tous deux me donnent à connaître une part de la vérité de ce monde qu'enfant je découvre : celui d'une humanité globale, contemporaine mais aussi passée, qui me parle, que je comprends et dont l'unité se révèle à moi ; celui aussi d'une nature sur laquelle, la connaissant mieux à travers ses grandes lois, j'apprends à porter un regard plus aimant. Un monde qui n'est pas un amoncellement absurde d'objets, animés ou inertes, mais un Tout mystérieux au cœur duquel on m'aura appris à déceler un sens.

3

Science, art et religion

Pourquoi diable inviter ici Dieu et les Muses à dialoguer avec la Connaissance ? Pourquoi rassembler sur une même page « l'intelligence, l'âme et le cœur » pour s'en tenir à la vieille distinction entre les trois ordres majeurs où s'extériorise la conscience humaine ?

Une totipotence

Pourquoi, bien plutôt, ne le ferait-on pas ? Dès que l'homme s'exprime de façon repérable, il nous laisse les traces, enchevêtrées, de la curiosité intellectuelle jointe à l'habileté manuelle où nous décelons sa capacité scientifique ; de sa référence à un « au-delà » que nous appelons son sens religieux ; et d'un besoin d'exprimer des représentations du monde et des sentiments intimes à quoi nous rattachons l'idée du beau et où nous discernons son intuition artistique.

Comment ne pas percevoir, lors d'une exposition de vestiges préhistoriques, ou antiques, la fréquente indiscernabilité de leurs vocations : objets de culte qui révèlent aussi la manifestation d'un art ; orfèvrerie où le dessein de rehausser la beauté d'une femme se marie avec une virtuosité technique — elle-même fille d'un savoir scientifique — étonnamment précoce ; stèles funéraires où s'inscrivent à la fois un appel à une divinité et le souci d'honorer le défunt en des volutes à caractère ornemental ? Comment contempler les voûtes de Louksor, les mosquées d'Ispahan ou la basilique de Saint-Benoît-sur-Loire sans être confondu par la synthèse presque parfaite qu'elles réalisent entre la maîtrise d'une technique qui émane de notre savoir, le sens du divin où peut s'exprimer notre quête d'absolu, et la recherche de la beauté qui comble à la fois nos sens et notre esprit ? Comment ne pas reconnaître, à travers l'œuvre d'un Jean-Sébastien Bach, dans ses registres religieux et même souvent profanes, tout à la fois la preuve d'une prodigieuse virtuosité intellectuelle, la marque d'une recherche théologique permanente et l'une des formes les plus achevées de l'émotion et de ce que nous appelons « la beauté » : tout à la fois rassemblés le mental, le spirituel et le lyrique ?

Il est bien clair que cette sorte de « totipotence[1] » des aspirations et des talents appartient désormais au

---

1. On dit d'une cellule que, dans l'embryon, elle est totipotente lorsque, non encore différenciée, elle possède la potentialité de devenir plus tard une cellule spécialisée (musculaire, hépatique, nerveuse...).

passé. Science, religion et art vont désormais des chemins distincts et si ceux-ci se croisent parfois, c'est plus par volonté délibérée, par décision, que par la disposition naturelle dont nous venons de repérer des signes. De cette divergence, les raisons sont bien connues.

Science et religion, des ennemies ?

Science et religion, tout d'abord, ont vu leurs relations se tendre lorsque celle-ci a pris conscience que celle-là commençait à voler de ses propres ailes, se dégageait de son autorité, développait son champ d'action hors de sa zone d'influence, et donc affirmait son autonomie. « La science détourne l'homme de Dieu », tonne alors l'Église. « La religion enseigne des fadaises », rétorque l'autre. Là, suspicion, raidissement, condamnations ; ici, prétention à l'explication ultime et à la complétude. Des deux côtés, dénonciation des forfaits d'en face[2], tendance à l'arrogance et à l'orgueilleuse revendication de la vérité.

Des deux côtés aussi, heureusement, mais par des voix autres, considération réciproque et sentiment que chacun, à sa place, peut et doit écouter l'autre dans ce que ce dernier a de plus véridique. Et aussi conviction

---

2. Certains tendent, au chapitre des forfaits, à renvoyer dos à dos science et religions : tous les Hiroshima d'un côté, toutes les Saint-Barthélemy de l'autre. On remarquera cependant que, s'agissant des trois religions monothéistes, leur référence explicite à l'amour rend sans doute leurs forfaits plus indéfendables encore que ceux de la science qui, elle, toute susceptible qu'elle est de véhiculer des vertus (voir p. 75), ne délivre pas de prédication morale.

que science et religion ont plus à partager et à échanger que ce qu'un regard encore obscurci par les anathèmes des uns et les sarcasmes des autres nous laisse voir. Donnons-en trois signes, d'inégale importance.

D'abord celui, relativement superficiel, de l'étymologie. Rappelons celle du mot *religion*, que Tertullien rattache à *religare*, ou « relier[3] », tandis que Cicéron en tient, semble-t-il, pour *relegere*, ou « recueillir ». Dans les deux acceptions, le mot est beau. Dans un cas, il évoque le lien qui nous rattache « horizontalement » les uns aux autres et verticalement tous avec une transcendance. Dans l'autre, il désigne la collecte méticuleuse d'un écrit ou d'une parole. Le mot *science*, lui, vient tout droit de *scientia* qui veut dire « la connaissance ». Comment, du coup, ne pas être frappé par la proximité des deux vocables et ne pas se dire, plaisamment, que l'un aurait fort bien pu désigner l'autre et réciproquement ? La science relie les phénomènes les uns aux autres et recueille tout ce que la nature nous raconte sur elle-même. Elle serait donc religion. Quant à la religion, elle aussi transmet une forme de la connaissance. Elle serait donc science. En tout cas, l'une et l'autre nous poussent, chacune à sa façon, à *con-naître*, c'est-à-dire à naître tous ensemble aux origines, aux réalités, aux virtualités, aux misères et aux beautés du monde.

Puis, plus profondément, notre relation avec l'acte de croire, que l'on cantonne volontiers dans l'enclos des religions alors qu'il constitue l'un des res-

---

3. ... qui s'oppose à *secare*, couper, qui a donné *secte*.

sorts les plus profonds et les moins discutables[4] de notre façon d'être. L'homme de science y recourt parfois — à titre certes provisoire — qui peut croire à une théorie plus qu'à une autre[5]. Plus généralement, c'est chaque jour que nous le posons, cet acte : *Je te crois sur parole, Je crois en la pluralité des mondes, Je crois en lui, Je crois en elle, Je crois en Dieu, Je ne crois en aucun Dieu, Je crois au progrès de l'humanité, Je crois aux valeurs de la démocratie, Je crois que le tout est la stricte somme des éléments, Je crois que le tout est plus que la somme des éléments...* autant de témoignages, parmi d'autres, de convictions aussi peu scientifiques qu'il est possible[6], ce qui ne les empêche pas de charpenter notre vie, comme structurent notre comportement des sentiments forts mais « indémontrables » tels que la confiance, la méfiance, l'amour, la jalousie, la haine, l'admiration...

---

4. ... l'un, aussi, des moins passibles de dérision, prenant racine, bien souvent, au cœur du tragique de l'histoire : Antigone, saint Vincent de Paul, Gandhi, Jean Moulin fondent leur décision sur l'acte de croire en la valeur sacrée de la sépulture, en la possibilité de soulager les souffrances d'autrui, de donner son indépendance à un peuple ou de résister à l'envahisseur.

5. ... y croire, ou encore ne pas y croire, comme le mathématicien Cantor qui, devant ce fait démontré mais étrange qu'il y a autant de points dans un carré que sur ses côtés, déclarait : « Je le vois, mais ne le crois pas. » Cité par Yasmina Liassine, *in Les Mathématiques dans l'ensemble*, Paris, Gallimard-Éducation, 2000.

6. La conviction scientifique existe aussi. En mathématiques, on parle de *conjecture* devant un résultat auquel on croit mais qui n'est pas démontré. Ainsi, la conjecture de Goldbach énonce, sans preuve, que tout nombre pair est la somme de nombres premiers (par exemple $18 = 13 + 5$, ou $30 = 17 + 13$) et la conviction est forte qu'elle soit vraie dans tous les cas.

Enfin, ce constat assez récent de la nécessité pour la science et les religions de baliser leur champ d'action respectif, de reconnaître celui de l'autre, de prendre conscience d'une certaine forme d'inviolabilité réciproque[7], et aussi de repérer les différences radicales de leurs objectifs et de leurs méthodes : l'une évolue dans l'espace des *problèmes*, l'autre dans celui des *mystères*. L'une traque l'*explication*, l'autre le *sens*[8]. L'une procède par la *méthode expérimentale*, l'autre par la *foi*. L'une étudie l'homme dans sa *vérité moléculaire* et son *déterminisme*[9], l'autre le définit par sa *liberté*[10]. Nulle raison, pour autant, de s'ignorer, de ne pas se respecter mutuellement, et même — jouant sur leur complémentarité — de ne pas collaborer en tels ou tels domaines (lutte contre la pauvreté, définition des normes éthiques...).

---

7. « ... [de] la foi et [de] la science, aucune ne peut foncièrement contredire l'autre. » Jean Dorst, *Le Savant et la Foi*, Paris, Flammarion, 1989, p. 45.

8. ... le *sens* « sous sa double acception de *direction* et de *signification* ; un sens comme l'arbre pousse dans une direction ; un sens aussi comme un message qui a une signification ». Thierry Magnin, *Quel Dieu pour un monde scientifique ?* Paris, Nouvelles Cités, 1993, p. 9.

9. ... déterminisme parfois poussé à son extrême : « [La physique] est causale, déterministe [...] et totalitaire. Rien ne suggère une limite à son emprise. » Maurice Guéron, *in Connaître*, n° 3, déc. 1994, p. 8-9.

10. ... liberté qui est celle d'un homme « qu'on ne peut pas définir, sauf de manière partielle, sans jamais dire qui il est, objet d'une question éternelle et non d'une définition qui le clôturerait dans le concept ou la maîtrise que l'on a d'un objet. Liberté qui procède d'un lent travail de l'esprit, de la maturation de la conscience par la culture et la réflexion, [et qui] germe dans la profonde indétermination de la nature, dans ce sanctuaire secret de l'être que nul n'a le droit de fracturer, car il y a quelque chose en nous qui doit être totalement séparé, "saint" dit la Bible : le *saint*, c'est le séparé ». France Quéré, *L'Homme maître de l'homme*, op. cit., p. 93 et 86.

Encore faut-il comprendre que ces collaborations puissent avoir des limites. Face à un corpus scientifique relativement homogène, aux contours assez bien définis, la pensée religieuse se morcelle en un grand nombre d'Églises, voire de chapelles, d'assemblées, de croyances, de traditions, parmi lesquelles un choix peut être nécessaire, pour la science, entre celles dont les doctrines sont compatibles avec ses propres principes et celles qui propagent de manifestes contre-vérités, d'inadmissibles coutumes ou, *a fortiori*, des fanatismes belliqueux. La pensée religieuse quant à elle doit s'exprimer sans fard, encourageant la science lorsque celle-ci participe à la découverte du monde[11], donnant ainsi du sens à l'existence des hommes, et la décourageant fermement lorsque telles de ses applications tendent à apporter aux êtres vivants et à la nature souffrances, délabrement, décohésion, et à faire peser sur la liberté de l'homme — liberté où réside sa véritable transcendance — quelque menace que ce soit.

C'est là, dans cette zone incertaine où se confrontent le déterminisme — sans lequel toute science défaille — et la liberté de l'homme — sans laquelle

---

11. La découverte du monde, et plus généralement l'étude, accompagnent l'idée religieuse d'une Création : « [...] Il ne suffit pas d'enseigner ce qu'on a appris. Il est essentiel d'approfondir et de renouveler le sens de l'héritage reçu [...]. On n'interrompt pas l'étude, même pour s'extasier sur la nature. On aurait pu répliquer que la nature est aussi l'œuvre de Dieu et qu'il faut Le remercier d'avoir créé un bel arbre. Certes, mais pas au prix de l'interruption de l'étude. Car l'étude exige concentration et isolement, comme en mathématiques. » Haïm Brézis, *Un mathématicien juif*, Paris, Beauchesne, 1999, p. 32.

celui-ci retourne à l'animalité —, dans cette zone où la notion même d'*esprit*[12] est en débat[13], c'est là que science et religion ont sans doute le plus à s'écouter et le plus à se dire. Sans strict déterminisme, toute action sensée est impossible ; sans radicale liberté, l'assise de l'éthique se lézarde : « La position par soi-même de la liberté a pu être appelée le point de départ de l'éthique [...]. Si je cessais de croire en ma liberté, si je m'estimais écrasé par le déterminisme, je cesserais aussi de croire à la liberté de l'autre [...]. C'est tout l'échange des actes mutuels de délivrance qui s'effondrerait[14]. »

Après tant de vicissitudes et d'empoignades, ce dialogue est, Dieu merci, redevenu possible en un temps où l'*homme de foi* souhaite « que la science continue sa progression et qu'elle fasse reculer sans cesse la barrière de nos ignorances[15] » et où l'*homme de science* se dit « prêt à rebâtir totalement les bases d'un humanisme qui, pour l'essentiel de son objet, ne [l'] oppose, en fait, guère à la plupart des croyants[16] ».

---

12. « ... l'esprit qui n'est pas de l'ordre du déterminisme mais peut en interrompre le cours et sera capable de le penser », *in* Janine Chanteur, *Comment l'esprit vint à l'homme, ou l'aventure de la liberté*, Paris, L'Harmattan, 2000, p. 71.

13. *Cf.* Jean-Pierre Changeux et Paul Ricœur, *La Nature et la Règle, op. cit.*

14. Paul Ricœur, « Fondements de l'éthique », *in Autres Temps, Les Cahiers du christianisme social*, automne 1984, p. 63.

15. Jean Delumeau, *Ce que je crois*, Paris, Grasset, 1985, p. 25.

16. Axel Kahn, *Et l'homme dans tout ça ?, op. cit.*, p. 366.

Science et art, deux complices ?

Si la science conserve avec la religion un lien moins ténu qu'il n'y semble, sa relation avec l'art pourrait bien se révéler plus mince qu'on ne le croit.

« ... *aux gravures de Dürer* » (p. 168)
Homme dessinant un luth,
« *Solchs ist gut allen dernen,*
die jemand wollen abconterfeien
und die ihrer Sache nicht gewiss sind »
(Tel est bon pour quiconque souhaite
faire un portrait mais n'a pas confiance en son talent)
Albrecht Dürer, *in Traité sur la mesure.*
Gravure sur bois, British Museum.

Car on la croit volontiers forte. Que ne dit-on pas en effet sur les relations entre science et art ! On fait remarquer que l'imagination et l'intuition sont les pierres d'angle de l'une et de l'autre. Que les mathématiques et la musique sont les deux seuls langages véritablement universels. Que le mot « art » lui-même renvoie et à l'*artiste* et à l'*artisan*, et que chaque homme de science se reconnaît peu ou prou en ce dernier. Que, lorsqu'il est militaire, ou culinaire, ou vétérinaire, ou encore — au pluriel — marié avec les métiers, l'art évoque d'abord un ensemble de procédés souvent techniques, proches de l'activité scientifique. Que, d'ailleurs, l'expression « dans les règles de l'art » mêle, en deux mots contrastés mais œcuméniques, rigueur et fantaisie, balisage et vagabondage, contrainte et liberté. Que l'histoire nous raconte mille occasions de dialogue entre art et science, de la gamme de Pythagore aux gravures de Dürer ; des recherches de Palissy sur les émaux[17] au cours de Pasteur sur *La physico-chimie appliquée aux arts* ; de la maîtrise de la perspective ou de la composition à l'utilisation du nombre d'or[18] en architecture ou en peinture ; des travaux sur la théorie musicale de Rameau à ceux sur la notation chiffrée de Rousseau, tous deux présentés devant... l'Académie des

---

17. *Cf*. Pierre Radvanyi et Monique Bordry, *Histoires d'atomes*, Paris, Belin, 1988, p. 64.

18. Sur la perspective, on pourra consulter le traité classique de Desargues, *Trois propositions géométriques*, Paris, Bosse, 1647, et l'on reverra, à la galerie Brera, *Le Christ mort* de Mantegna.

Sur les divers procédés de composition et sur le nombre d'or $(1 + \sqrt{5})/2 = 1,618...$: Hervé Loillier, *Histoire de l'art*, Paris, Ellipses, 1995, p. 11.

sciences[19] ; de la restauration des bois sculptés par irra-
diation de polymères infiltrés aux analyses par réactions nucléaires et aux datations du Laboratoire des
musées de France ...

Les ambitions sont-elles cependant du même
ordre ? Alors que je demandais un jour aux élèves d'une
classe de quatrième, à l'occasion d'une Fête de la
science, ce qu'évoquaient pour eux les mots de *science*
et d'*art*, au-delà de réponses convenues (« L'art, c'est la
couleur[20] », ou « L'art, c'est le beau », ou « La science,
c'est le téléphone portable »), un élève me dit : « La
science, c'est ce qui est autour de nous », et une autre :
« L'art, c'est ce qu'on ne sait pas dire autrement. »
Réponses fines, qui dessinent déjà une démarcation
nette. L'ambition de la science est bien, nous l'avions
vu, de décrire la nature (« qui est autour de nous ») et
si possible de l'expliquer. Celle de l'art, plus difficile à
cerner, pourrait bien ressembler à ce que nous souffle
cette adolescente : l'art ne tente-t-il pas d'exprimer ce
que notre langage ordinaire est incapable de dire, ou de
décrire, ou même de suggérer, car étant de l'ordre de
l'émotion pure, ou de cette intime satisfaction des sens
et de l'esprit que nous appelons « la beauté » ?

Il s'agit donc pour l'art, contrairement à la
science, de créer cette émotion ou cette satisfaction à

---

19. *Cf.* Élisabeth Badinter, *Les Passions intellectuelles*, Paris,
Fayard, 1999, p. 223.
20. Affirmation que l'on peut renverser en « La couleur, c'est de
la science », comme le montrent excellemment Libero Zuppiroli,
Marie-Noëlle Bussac et Christiane Grimm dans leur *Traité des couleurs, op. cit.*

partir de matériaux qui, n'ayant souvent avec celles-ci que peu ou pas de relations, doivent eux-mêmes être créés par l'artiste, ne pouvant être enseignés qu'avec une bonne part de subjectivité[21]. « Matériaux », le mot désigne ici une immense palette de langages, de procédés, de techniques, d'instruments, bref d'artifices au sens noble du terme, qui vont des plus *palpables*...

« Les ombres et les reflets mêlés, qui s'accrochent aux multiples sillons creusés dans la pâte colorée par la brosse, créent une lumière qui a une qualité propre et une couleur particulière, différente de celle du pigment, et changeante. Par opposition, les surfaces écrasées, lissées en quelque sorte par la lame, apportent une couleur et une lumière différentes. C'est la texture de la surface et la manière dont la lumière s'y décompose qui créent la couleur[22]. »

... aux plus *immatériels* :
« C'est une circonstance très significative, à mes yeux, que Beethoven soit devenu sourd vers la fin de sa vie, de manière que même le monde invisible des sons n'avait plus pour lui aucune réalité sensible. Les sons qui vivaient encore en son esprit n'étaient plus que

---

21. Écoutons Betsy Jolas évoquer sa manière d'enseigner la composition : « Qu'elle ne soit pas objective, je le reconnais bien volontiers. Il me semble qu'elle ne peut pas l'être [...]. [Le compositeur] ne peut qu'enseigner selon SON oreille, selon SA sensibilité, enfin et surtout, selon SA culture, c'est-à-dire un mélange bouillonnant de l'acquis culturel général qu'il doit avoir assimilé et de sa propre curiosité, sa propre inquiétude, ses propres convictions. » Betsy Jolas, *Molto espressivo*, Paris, L'Harmattan, 1999, p. 125.
22. Pierre Soulages, *in* Bernard Ceysson, *Pierre Soulages*, Paris, Flammarion, 1979, p. 91.

« *Pour que fût sculptée La Nuit...* », Malraux (p. 172).
Michel-Ange, *La Nuit*, Tombeau de Julien de Médicis,
San Lorenzo, Florence.

des souvenirs, des spectres de sons éteints, et ses dernières œuvres portent au front un cachet de mort qui fait frémir[23]. »

Tandis que la science tisse une trame de connaissances et d'interprétations dont chacune bénéficie de la précédente et la fait *progresser*, l'art se constitue d'œuvres qui traversent les âges non en tant « qu'objets anciens à la manière des pointes de silex [mais qui,] par leur pouvoir de résurrection, [...] sont œuvres d'art dans la mesure où, loin de jalonner un progrès, elles lui échappent[24] ».

C'est dire que, de la science à l'art, nous passons du monde de la découverte et de la globalité à un monde de la création et de l'intériorité. Il est possible d'illustrer cette transition par l'hypothèse (navrante)[25] où Mozart serait mort jeune enfant. Il est alors certain que l'univers immense de *Don Giovanni* n'aurait jamais vu le jour. Tandis que si Pasteur avait subi le même sort funeste, nous pouvons tenir pour certain que deux, dix, ou vingt ans après sa découverte, le vaccin de la rage aurait été mis au point par un autre que lui.

Les espaces de l'art sont ouverts à l'infini et l'artiste y crée des œuvres qui, modelées dans l'argile de toute l'aventure humaine[26], ne doivent leur surgissement

---

23. Heinrich Heine, *Mais qu'est-ce que la musique ?* trad. Rémy Stricker, Arles, Actes Sud, 1997, p. 71.

24. André Malraux, « La statuaire », *in Le Musée imaginaire*, Paris, Gallimard, 1952, p. 54.

25. ... suggérée à l'auteur par Sylvie Jaulmes.

26. « Pour que fût sculptée *La Nuit*, il fallait le génie de Michel-Ange, mais aussi quinze cents ans de chrétienté et un héritage de grandeur plus vieux que la mémoire. » André Malraux, *op. cit.*, p. 61.

« ... *l'univers immense de Don Giovanni* » (p. 172)
Partition autographe de Mozart, Acte II, scène 1.
Bibliothèque nationale.

ultime qu'à lui[27], et à qui il imprime une marque de fabrique radicalement singulière[28]. À l'inverse, l'espace de la science, qui est celui du monde réel, se découvre à nous indépendamment de celui qui lève le voile[29].

C'est un *Nous* anonyme qui œuvre dans un cas, un *Moi* décisif dans l'autre.

---

27. « L'artiste "voit" de plus en plus "autrement" [...]. Avec Nietzsche, il "voit davantage", à la différence du scientifique qui s'efforce de cerner au plus près une réalité extérieure telle qu'elle est et d'une manière aussi "impersonnelle" que possible. » Jean-Pierre Changeux, *Raison et Plaisir*, Paris, Éditions Odile Jacob, 1994, p. 144.

28. Schumann, qui n'a lui-même rien à envier à quiconque en ce domaine, écrit de Chopin qu'« il ne peut déjà plus rien écrire sans que l'on ne doive, dès la septième ou la huitième mesure, s'écrier "c'est de lui !" » (*in* Brigitte François-Sappey, *Robert Schumann*, Paris, Fayard, 2000, p. 294). On songe aussi à ce petit Félix, garçonnet de onze ans, écrivant des symphonies pour cordes qui, dès les premières notes, sont déjà *du* Mendelssohn à l'état pur.

29. « Si les œuvres d'art n'admettent pas de progrès quant à l'humanité successive [...] c'est que leur objet est exactement restreint ou défini par les pouvoirs d'*un* homme *seul* [...]. L'homme de science s'applique à un objet forcément commun [...] et ses pouvoirs personnels sont finalement employés impersonnellement. » Paul Valéry, *Cahiers*, tome II, Paris, Gallimard, Bibliothèque de la Pléiade, 1974, p. 926.

4

Science et Droits de l'homme

Qu'il existe une profonde parenté entre la démarche scientifique et la dynamique des droits de l'homme ne saurait étonner. La science établit en effet — tout autant qu'elle requiert — cette forme extrême de la liberté de l'esprit par quoi, brisant les vieux schémas, l'homme renouvelle sans cesse l'originalité de son dialogue avec l'univers ; et par quoi aussi, dévoilant peu à peu celui-ci, il redécouvre en contrepoint sa propre autonomie, partagé entre la joie de l'explorer et l'effroi d'en deviner l'immensité et d'y pressentir sa solitude.

C'est sans doute parce que la liberté est ainsi consubstantielle à leur travail qu'un certain nombre d'hommes de science ressentent désormais si fortement le prix qui s'attache à son respect et le forfait que représente sa mutilation. Et c'est sans doute parce qu'ils discernent l'ambivalence de leur autonomie que, à l'idée de liberté, ils associent volontiers celle de responsabilité ; et qu'ils énoncent donc des devoirs dans le même temps qu'ils parlent de droits. Sans doute aussi parce qu'ils ont à pratiquer journellement la mise en harmonie de leur nécessaire affranchissement, face aux idées reçues et aux théories apprises, avec le respect absolu qu'ils doivent aux faits de la nature et aux exigences de la raison[1]. Sans doute enfin parce qu'ils sont de plus en plus souvent appelés par le public (s'ils n'y pensent par eux-mêmes) à évaluer la pertinence morale des actions de recherche où ils sont engagés ou des objectifs qui leur sont proposés par le politique, l'économique, ou les opinions du moment[2].

Ce constat d'une science qui doit répondre et de ses objectifs et de ses résultats est cependant récent[3], comme est récente, dans l'histoire, la prise de conscience du lien, pourtant tenu à l'instant pour foncièrement naturel, entre la pensée scientifique et le respect dû à l'homme dans l'ensemble de ses libertés et de ses droits.

Au-delà des positions de principe qui s'expriment au XVIIIe siècle par la voix des encyclopédistes, notamment celle de Condorcet, marquées par la diffusion des idées scientifiques, cette prise de conscience n'est en fait, dans ses manifestations quelque peu visibles, vieille que de quelques décennies. On peut en retracer

---

1. La science nous donne l'image de cette liberté surveillée jusque dans le domaine ouvert par excellence qui est celui des mathématiques : « Notre choix, parmi toutes les conventions possibles [...] reste libre et n'est limité que par la nécessité d'éviter toute contradiction. » Henri Poincaré, *La Science et l'Hypothèse*, Paris, Flammarion, 1968, p. 76.

2. Voir, sur ces points, *L'inscription sociale de la science*, Commission nationale française pour l'UNESCO, Colloque européen, Paris, 1998.

3. Voir p. 106.

l'origine en deux lieux distincts et à une commune époque, celle des années 1970.

Naissance d'une solidarité

C'est en cette période que l'Amérique latine des dictateurs commença à émouvoir la communauté scientifique, et initialement celle des mathématiciens[4]. L'un d'entre eux, José Luis Massera, Urugayen d'origine italienne, emprisonné en octobre 1975 à Montevideo en raison de son appartenance au parti communiste, torturé, devint l'objet notamment en France d'une série d'actions (manifestations, débats, lettres et télégrammes aux autorités concernées...) qui, au-delà d'un cas particulier patent, s'ouvraient sur le problème très général des libertés d'opinion et d'expression. Bientôt, le relais fut malheureusement pris par des centaines d'autres cas de femmes et d'hommes de science, notamment argentins (Federico Alvares-Rojas , Eduardo Pasquini...) et chiliens, dont on apprenait avec horreur la disparition, le

---

4. ... parmi lesquels on peut citer Michel Broué, Henri Cartan, Laurent Schwartz.

Les mathématiciens s'étaient, en France, mobilisés dès 1957 à l'occasion de l'assassinat en Algérie du mathématicien Maurice Audin. Le Comité Audin, créé à cette occasion, fut le premier du genre. Le Comité des mathématiciens (1974), qui devint bientôt international, lutta inlassablement pour la défense des scientifiques persécutés. *Cf.* Laurent Schwartz, *Un mathématicien aux prises avec le siècle*, Paris, Éditions Odile Jacob, 1997, p. 387.

Se formèrent, alors, également des comités d'avocats, ceux-ci étant particulièrement sensibles aux profonds dénis de justice qui accompagnent les violations des droits de l'homme.

plus souvent définitive. Aux mathématiciens se joignirent des physiciens, en particulier Jean-Paul Mathieu et Alfred Kastler qui anima plusieurs années durant un Comité pour la libération des physiciens argentins emprisonnés agissant, chaque fois qu'un cas avéré venait à sa connaissance, dans l'espoir infiniment fragile de sauver de la mort tel collègue dont on avait appris l'arrestation.

L'Union soviétique de ces mêmes années ne pouvait pas ne pas provoquer une prise de conscience comparable, amplifiée ici par les liens scientifiques très forts que ce pays entretenait avec l'Ouest, et concentrée sur deux cas distincts.

Les *dissidents*, ou opposants politiques, dont une des figures de proue fut Andreï Sakharov, étaient soumis, généralement dans les camps du Goulag ou dans des hôpitaux psychiatriques, à un sort cruel, voire à la mort[5]. Toute action en leur faveur était d'issue problématique, mais parfois positive[6].

Les *refuzniks*, beaucoup plus nombreux, étaient des Juifs — très souvent des scientifiques, des ingénieurs ou des médecins — qui, décidés à quitter l'URSS et ayant sollicité un visa pour Israël, avaient essuyé un *refus*, ce après quoi ils étaient soumis là-bas, eux et leur famille, au mieux à ce que, ici, certains atténuaient euphémi-

---

5. On pourra lire : Yuri Orlov, *Particules de vie*, Paris, Noir sur Blanc, 1994.

6. Ainsi, le physicien Levi Kornblitt qui avait été condamné à dix ans de camp sibérien (pour découverte d'une bible dans son appartement lors d'une perquisition liée au tristement célèbre procès de Leningrad) fut libéré avant terme grâce à une action de grande ampleur menée par des universitaires danois.

quement en « tracasseries administratives » (dont, le plus souvent, le licenciement), au pire à la déportation dans un camp[7]. Les refuzniks moscovites non emprisonnés — mais interdits de laboratoires et de bibliothèques, et angoissés du lendemain — avaient pris l'habitude de se réunir dans l'appartement de l'un d'entre eux, le dimanche à midi, pour tenir un séminaire scientifique qui leur permettait de garder, intellectuellement, la tête hors de l'eau[8]. Ce fut l'occasion, pour des Français, des Américains, des Néerlandais, des Norvégiens... d'aller rendre visite à ces collègues « exclus de la science » de les informer des travaux scientifiques les plus récents, de leur porter articles, livres, et médicaments, et de ramener pour publication à l'Ouest certains de leurs propres manuscrits (de nature théorique, tout travail expérimental « en chambre » étant en pratique impossible) qu'ils n'avaient plus le droit de publier dans leur pays.

Pourquoi, demandera-t-on, ce soutien des scientifiques aux scientifiques plutôt qu'aux artistes, aux boulangers, aux chefs d'entreprise, ou aux employés des postes ? Outre que l'un n'empêche nullement l'autre, on verra là une recherche de plus grande efficacité. Les chimistes connaissent bien les chimistes, les généticiens, les généticiens... Ils se sont rencontrés lors de congrès, ils

---

7. Ce traitement avait pour but manifeste de décourager d'autres Juifs de poser cette demande de visa qui, notons-le, s'interdisait de mentionner explicitement le mot d'« émigration », seule la mention de « rassemblement des familles » étant tenue pour acceptable.

8. Voir par exemple : Yves Quéré, *in Science et liberté*, Paris, Les Éditions de physique, 1990 ; Charles Rhéaume, *Science et Droits de l'homme, le soutien international à Sakharov, 1968-1989*, Thèse, Université McGill, 1999 ; Yacov Alpert, *Making Waves*, Yale University Press, 2000.

ont échangé des correspondances, peut-être ont-ils travaillé ensemble ou au moins sur des sujets proches. Il est donc beaucoup plus facile, dans ces conditions, de démontrer en termes précis l'inanité de telle accusation, ou la mauvaise foi de telle argumentation. Ainsi la connaissance prétendue de « secrets » était, en Union soviétique, un motif fréquent de refus du visa nécessaire pour se rendre à un congrès à l'étranger, motif qu'il était souvent aisé de démolir, de l'extérieur, en toute connaissance de cause, avec parfois une issue favorable.

Actions et comités

La science étant devenue foncièrement internationale par l'universalité de ses problèmes et la délocalisation de sa pratique[9], c'est souvent au sujet de la « libre circulation » que divers comités d'instances scientifiques (académies, sociétés savantes[10]...) furent

---

9. « L'expression "science nationale" est presque une *contradictio in terminis*. Même pour ceux qui mènent des programmes de recherche nationaux, c'est une quasi-nécessité [...] de participer à des réseaux de collaborations internationales. » Pieter Drenth, *in The Balkans in the New Millenium*, Académie des sciences de Macédoine, Skopje, mai 2001.

10. En France, l'Académie des sciences a créé en 1978 un Comité des Droits de l'homme de science (CODHOS). Se réunissant une fois par mois et œuvrant en relation étroite avec des comités similaires des académies ou des sociétés savantes américaines, suédoises..., ce comité traite de nombreux cas d'arrestations et d'emprisonnements arbitraires, de traitements inhumains (parfois aussi de graves brimades de type administratif), signalés en de multiples lieux. Il a été présidé par André Guinier, puis Jean Dausset, actuellement (2001) François Jacob. La Commission des Droits de l'homme de la Société française de physique l'a été par Franck Laloë, puis Paul Kessler.

créés, et continuent à œuvrer. Un des plus anciens est le Comité pour la libre circulation de l'ICSU (Conseil international de la science), comité qui a obtenu des résultats très concrets dans le domaine des refus de visas d'entrée ou de sortie pour raisons politiques (Taïwanais vers la Chine, Cubains — ou autres étrangers « politiquement incorrects » — vers les États-Unis, Soviétiques vers l'extérieur de leur pays, Algériens vers la France...).

Il est difficile de mesurer l'impact de ces actions dont certains se demandent même s'il ne risque pas d'être négatif[11]. Au moins la comparaison entre la date de telle action et celle de telle libération ou de telle remise de peine fait-elle entendre, parfois de manière évidente, un écho positif et réconfortant.

Quelle(s) universalité(s) ?

Ces quelques exemples d'actions menées le plus souvent dans l'urgence demandent à être replacés dans une perspective plus large car toutes ne font pas obligatoirement l'unanimité.

Certains leur trouvent un caractère trop « politique », peu compatible avec, disent-ils, « la nécessaire

---

11. Le cas de l'ancienne Union soviétique est intéressant de ce point de vue, car de multiples témoignages sont venus indiquer que le détenu n'y redoutait aucunement les actions en sa faveur, mais au contraire les souhaitait : elles donnaient à leur geôlier une indication sur la notoriété internationale de son cas, incitant ledit geôlier à une certaine prudence.

neutralité de la science[12] ». D'autres estiment l'idée même des droits de l'homme trop associée à une civilisation particulière et, de ce fait, peu respectueuse de certaines traditions ou coutumes autres.

La première objection fait peu de cas de cette réalité que la science elle-même est profondément *politique*, si l'on donne à ce mot son sens premier : elle est en effet insérée dans la cité *(polis)* et — droits de l'homme ou non — elle interfère vivement avec les sociétés et les individus, comme interfère, bien sûr, l'éthique elle-même : « L'étude des questions éthiques est apparemment partie des principes de la politique et, du point de vue de l'ensemble, il serait même juste d'appeler cette étude *politique* et non pas *éthique*[13] ».

La seconde est souvent tenue pour sérieuse, frappant soi-disant les droits de l'homme, et par ricochet toute l'éthique, d'un double soupçon de restriction régionale et de prétention impériale. Celui-ci aurait quelque fondement si nous prétendions réglementer dans le détail — mais qui est ce *nous* ? — les comportements du monde entier à partir d'un modèle unique. Il est vrai que, à titre d'exemple, marginal, les idées — et même les mots — de « pardon » ou de « repentance » résonnent très différemment suivant que les oreilles sont européennes ou extrême-orientales. Il est également vrai que la plupart des codes moraux invo-

---

12. C'est l'argument le plus fréquent des sociétés savantes et des académies des sciences, encore nombreuses, qui refusent de s'y impliquer.
13. Aristote, *Les Grands Livres d'éthique*, Paris, Arléa, 1992, p. 29.

qués en notre siècle émanent de régions très limitées du globe : celles de Babylone, d'Athènes et de Jérusalem ; et que, de ce fait, ils sont répudiés en certaines parties du monde[14]. Non universelles, donc, les différentes *Déclarations des droits de l'homme* élaborées à partir de ces codes ?

On peut distinguer ici trois niveaux[15]. L'universalité peut être *objective* : c'est, idéalement, celle de la science. Elle peut être *subjective* : c'est celle de la souffrance qui n'a pas de frontières, celle de l'oppression brutale, celle de la guerre, celle de l'humiliation, physique ou intellectuelle. Elle peut enfin être *prospective* : c'est celle de l'aspiration de tous à plus de paix, à une amélioration des conditions de vie, des niveaux d'éducation, de l'environnement sanitaire... Cette distinction peut nous aider à dessiner les contours de droits réellement universels, et donc de devoirs impérieux, comme le sont le refus de la souffrance des autres ou l'engagement pour la paix, tous devoirs — et donc solidarités —

---

14. ... ce qui permet en toute quiétude d'exciser des fillettes ou de couper la main des voleurs ; *in* France Quéré, *Le Sel et le Vent, op. cit.,* p. 147.

Ce refus des Droits au nom de coutumes locales n'est le plus souvent qu'une misérable figure de style pour asseoir ou conserver un pouvoir qui ne s'exerce que par la force. De plus, il bafoue les signatures apposées par les responsables des pays concernés au bas de la Déclaration universelle des droits de l'homme de l'ONU (10 décembre 1948), actuellement reconnue par la quasi-totalité des nations.

15. Marc Agi, Intervention au colloque *Science et Droits de l'homme,* Euroscience-Unesco, Lydie Koch-Miramond, Gérard Toulouse et Claude Kordon, Paris, mai 2001.

Cf. également colloque du réseau interacadémique *Human Rights Network of Academies of Sciences,* Carol Corillon, François Jacob, Claude Cohen-Tannoudji, Torsten Wiesel, Paris, mai 2001.

à qui la science, par sa propre pratique de l'universalité, et par les outils qu'elle procure, pourrait apporter un précieux concours[16] à la fois si elle était plus sollicitée et si les hommes de science, quant à eux, s'y attelaient en plus grand nombre et avec plus de conviction.

École de liberté et d'autonomie, la science apparaît donc aussi comme un lieu où les hommes sont conviés à se bâtir une unité[17], unité qui prendrait son sens non dans un moule intellectuel commun, mais dans une solidarité qui ne saurait mieux s'exprimer que dans l'écoute active des uns, lorsqu'ils sont confrontés aux persécutions subies, à la détresse et à la souffrance des autres.

---

16. Ainsi les *Conférences Amaldi*, du nom du physicien italien Edoardo Amaldi, permettent régulièrement de recenser et de confronter les techniques que met la science à notre disposition pour aider au désarmement (démontage des armes nucléaires, détection des mines antipersonnel...).

Plus anciennes, les *Conférences Pugwash* ont œuvré pendant la guerre froide, et continuent d'œuvrer, pour la recherche des conditions d'une paix durable.

17. En énumérant les buts de la science, aux deux premiers qu'il cite (la connaissance et les applications) Andreï Sakharov en ajoute un troisième, qui est de « créer une sorte d'unité pour l'humanité, et de cimenter cette unité ». Andreï Sakharov, *Science et liberté, op. cit.*, p. 18.

5

Science, évaluation et prospective

Comment infléchir les recherches de manière à obtenir le plus rapidement possible, sur un sujet donné, les résultats les plus utiles au moindre coût ? C'est une question à laquelle bien des hommes d'État, bien des chefs d'entreprise, bien des chercheurs aimeraient avoir la réponse. La tenir, cette réponse, c'est s'assurer un surcroît de puissance pour les uns, de richesses pour les autres, de satisfaction et peut-être de gloire pour les troisièmes. C'est aussi aller vers une progression de notre savoir et, espérons-le, du bien-être, du confort, de la protection sanitaire, de la longévité... pour beaucoup, sinon pour tous.

Genèse d'un comité

Tant d'avantages et l'on resterait l'arme au pied ? Impensable ! Regroupons donc les spécialistes du sujet qui nous préoccupe (cela peut être le cancer, les supraconducteurs, le sida, les courants océaniques, le génome, le nucléaire, le clonage, les planètes extrasolaires, les prions, l'effet de serre...), chargeons-les d'en définir les contours actuels (la ligne de front, en somme), d'évaluer la valeur des forces engagées, de déterminer les objectifs futurs à atteindre, de détecter les points de blocage qui ont jusque-là retardé l'avancée des connaissances, de tracer les lignes d'attaque, de proposer des recompositions d'équipes, et d'évaluer les moyens financiers ou instrumentaux nécessaires. Bref, dans ce contexte quasi militaire, demandons-leur d'analyser la situation présente, de définir une stratégie, et de faire des recommandations quant aux priorités à respecter, aux actions à lancer, aux moyens à mettre en œuvre : un comité de prospective scientifique, un de plus, est né. Dans un an il remettra son rapport. Des rumeurs, d'abord, filtreront et l'on décrétera momentanément un embargo. Puis il y aura présentation au ministre, conférence de presse (clairsemée), petits fours, satisfaction (des uns), colère (des autres), indifférence (de la plupart), éloges (mesurés), critiques (acerbes), débat (nocturne) à l'Assemblée puis, souvent, chute (silencieuse) aux oubliettes.

Doit-on en conclure à l'échec ? Faut-il supprimer jusqu'au principe de ces travaux d'évaluation et de prospective pour la raison qu'ils reçoivent un accueil mitigé et qu'ils ont peu d'impact ? N'allons pas trop vite en besogne. Il arrive souvent que ces comités émettent de fort utiles recommandations, parfois suivies de saines décisions. Mais il est vrai que leur fragilité congéni-

« *Et quelque jour, on ira jusqu'à la lune* », Bernard de Fontenelle (p. 188)
Gravure de Gustave Doré, *Un animal dans la lune*,
Fables de La Fontaine, Hachette, 1868, (p. 453).
... Je ne suis point d'intelligence
Avecque mes regards, peut-être un peu trop prompts,
Ni mon oreille, lente à m'apporter les sons.
Quand l'eau courbe un bâton, ma raison le redresse :
La raison décide en maîtresse.
Mes yeux, moyennant ce secours,
Ne me trompent jamais en me mentant toujours [...].
La lune nulle part n'a sa surface unie :
Montueuse en des lieux, en d'autres aplanie,
L'ombre avec la lumière y peut tracer souvent
Un homme, un bœuf, un éléphant...

tale tient à notre incapacité à deviner où va la science, vers quels rivages inconnus elle nous mène, elle qui avance le plus souvent par foucades imprévisibles, avec *la découverte* pour force motrice[1]. Les hommes de

---

1. Sur les mille et une formes que peut revêtir la découverte, sur sa lente maturation ou sa soudaine irruption, sur le rôle qu'y jouent les hasards, la chance, ou au contraire l'intention, on lira : Pierre Laszlo, *La Découverte scientifique*, Paris, PUF, coll. « Que sais-je ? », 1999.

science peuvent se tromper[2], les « spécialistes » ne sont pas des devins, et il n'est pas rare, pas choquant non plus, qu'ils soient pris à total contre-pied par l'une de ces foucades. Les recommandations des uns, les décisions des autres, toutes guidées par le poids de l'acquis et les vertus de la sagesse, risquent alors d'être jugées cocasses par l'Histoire, comme l'illustre le fabliau qui suit.

Histoire d'un PIRU

Nous sommes en 1863. Le ministre de la Recherche et de la Technologie de Napoléon III, homme intelligent et clairvoyant, décide de lancer un PIRU (Programme impérial de recherches utilitaires) sur *La communication à distance*. L'idée est judicieuse car ce thème est primordial tant pour l'armée que pour les grands travaux de l'Empire, la conquête des colonies et la diffusion de l'enseignement public. Le ministre

---

2. Ils peuvent même carrément, nous avertit Pierre-Gilles de Gennes, « [...] dire des âneries. Lord Rayleigh, un des plus grands mécaniciens du siècle dernier, a écrit noir sur blanc (quelques années avant le premier vol de l'*Éole* de Clément Ader) que tenter de faire voler un engin plus lourd que l'air serait une perte de temps ! », *in* Pierre-Gilles de Gennes et Jacques Badoz, *Les Objets fragiles*, Paris, Plon, 1994, p. 177.

Deux siècles auparavant, en 1686, Fontenelle faisait preuve de plus de discernement lorsqu'il écrivait : « Je gage que je vais vous réduire à avouer, contre toute raison, qu'il pourra y avoir un jour du commerce entre la Terre et la Lune [...]. L'art de voler ne fait encore que de naître, il se perfectionnera, et quelque jour on ira jusqu'à la Lune. » Bernard de Fontenelle, *Entretiens sur la pluralité des mondes*, Paris, Librairie des bibliophiles, 1883, p. 59 et 62.

crée donc un comité formé d'experts d'excellente qualité — ce qui se fait de mieux à l'époque — avec pour mission de lui proposer un programme ambitieux de recherches. Le comité travaille d'arrache-pied et, au bout de neuf mois, accouche de son rapport.

Celui-ci brosse d'abord un tableau de l'état des recherches, en France, dans le domaine (sans oublier ce que l'on sait de celles menées en secret par la Prusse) et en souligne les succès ainsi que les points faibles. Puis il définit deux grands axes prioritaires le long desquels il importe d'élever le niveau des connaissances et d'augmenter l'effort de recherche. Le premier concerne *Les sémaphores*. Il convient en effet d'apporter des améliorations substantielles au vieux télégraphe des frères Chappe : éclairage nocturne (programme d'études sur les boîtes à feu) permettant d'échanger des messages vingt-quatre heures sur vingt-quatre ; tenue du bois aux insectes, au vent et à la pluie (recherche de nouvelles essences coloniales) ; optimisation de la forme des poulies ; qualité des cordages ; optique des longues-vues... Le second porte sur *Les pigeons voyageurs*, s'attachant à souligner combien il importe d'augmenter leurs performances en vol (études sur l'aérodynamique, la mouillabilité des plumes, la diététique, l'amélioration de l'espèce...). Le tout se termine par la proposition que soit créé un grand Institut de recherches sur l'envoi des messages par la voie des airs (l'IREMVA). Bien construit, copieux, posant clairement les problèmes et suggérant de manière convaincante les voies à suivre, le rapport reçoit un bon accueil : le PIRU « Communication à distance » est sur les rails.

Non, ne sourions pas ! Ce comité a bien travaillé, sérieux et sagement imaginatif. Mais l'encre de son rapport et de ses recommandations est à peine sèche que Maxwell, 1864, pose ses célèbres équations[3].

Dans cette brèche immense, Hertz découvre quelques années plus tard les ondes électromagnétiques, d'où naîtra bientôt la radio. Tout est dit.

L'argument paresseux

La morale de cette histoire ?

On peut la rapprocher de la seconde phase de l'argument, dit *paresseux*, de Platon : Socrate explique à Ménon que « l'on ne peut chercher ni ce qu'on connaît ni ce qu'on ne connaît pas : ce qu'on connaît parce que, le connaissant, on n'a pas besoin de le chercher ; ce qu'on ne connaît pas parce qu'on ne sait même pas ce qu'on doit chercher ».

C'est en fait le grand envol de l'imagination — relayée, il est vrai, dans le cas de Maxwell, par le génie — qui, cherchant « ce qu'on ne connaît pas », balaye un jour ou l'autre les programmations raisonnables de ceux qui cher-

____

3. Les « équations de Maxwell », établissant le lien entre électricité et magnétisme, décrivent comment certaines ondes (lumière, radio, télévision, rayons X... toutes fondamentalement de même nature mais de « longueurs d'onde » différentes, comme les différentes couleurs de l'arc-en-ciel) se propagent dans l'espace, toutes à même vitesse, celle de la lumière. Certaines d'entre elles franchissent les obstacles (nuages, murs...) mieux que d'autres, rendant possible une communication à distance quasi instantanée.

chent « ce qu'on connaît », continuateurs plus que défricheurs.

« L'imprévisible est dans la nature même de l'entreprise scientifique. Si ce que l'on va trouver est vraiment nouveau, alors c'est par définition quelque chose d'inconnu à l'avance. Il n'y a aucun moyen de dire où va mener un domaine de recherche donné[4]. »

L'esprit ne souffle pas forcément là où on le convoque, la sagesse n'est pas une panacée, les idées et les découvertes surviennent en un jaillissement imprévisible et le monde ne cesse de se révéler à ceux qui osent l'explorer et qui, de-ci de-là, lancent à Socrate un malicieux clin d'œil en forme de démenti.

----

4. François Jacob, *La Souris, la Mouche et l'Homme*, Paris, Éditions Odile Jacob, 1997, p. 25.

6

Sous les pavés, les maths !

La science, avons-nous vu, avance parfois par « foucades », événements soudains qui nous mettent en présence d'idées ou d'objets totalement inattendus, renversant des habitudes de pensée, contredisant parfois des idées bien établies et obligeant la communauté scientifique à des révisions d'autant plus passionnantes qu'elles sont plus déchirantes. En voici une illustration relativement récente, ce qui ne l'empêche pas de nous confronter à des objets fort anciens et aussi fort usuels.

Carrelages et géométrie

Quoi de mieux connu en effet, et quoi de plus banal, que ces *carrelages* — ou *pavages*[1] — réguliers qui

---

1. Le mot *pavage* désignera ci-après à la fois l'*objet* concret, tangible et la *procédure* utilisée pour paver l'espace, par exemple le plan : là, nous sommes dans la maçonnerie ; ici dans les mathématiques.

couvrent le sol de nos cuisines, de nos corridors ou de nos salles de bain, et qui ornaient déjà les belles demeures de Pompéi ? La régularité ici nommée, qui nous parle de symétrie et souvent — par là même — d'esthétique, a trait au cas où le pavage du sol est réalisé à l'aide de dalles aux formes simples, à bords rectilignes (ce sont des *polygones*, comme le carré, le losange...), disposées avec ordre en sorte qu'elles couvrent exactement le sol, sans vide ni chevauchement, cette dernière condition étant nécessaire dans la suite pour définir un pavage. La figure 1 montre un tel pavage, fort simple, réalisé de deux manières avec des dalles rectangulaires. Sur la figure 2, les dalles sont hexagonales. Dans les deux cas, elles sont toutes identiques entre elles.

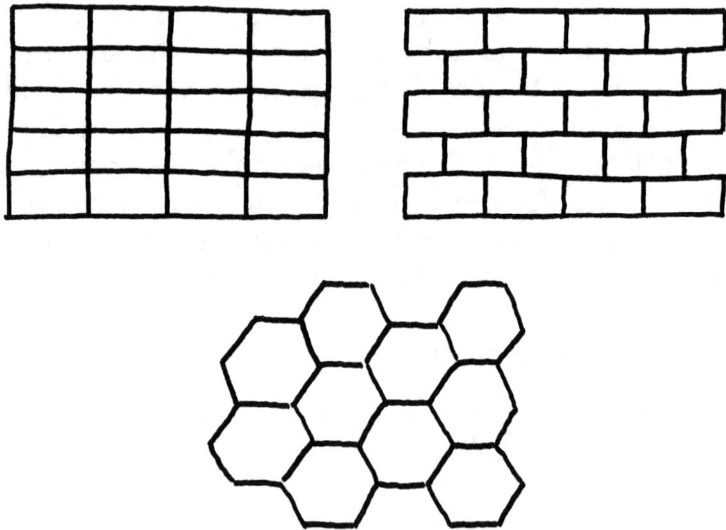

Figure 1 (en haut). Figure 2 (en bas).

La figure 3 présente un pavage un peu plus raffiné, comprenant deux types de dalles, octogonales pour les unes, carrées pour les autres. Dans chacune des deux catégories, les dalles sont à nouveau identiques, et il convient qu'elles aient des tailles bien adaptées l'une à l'autre (nous négligeons dans tout ce qui suit, l'épaisseur du joint de ciment). Nous dirons alors que l'on a affaire à un pavage à deux dalles. On imaginera sans peine des pavages à trois, à quatre... dalles.

On l'a deviné, derrière ce constituant rustique de notre habitat se cachent des éléments de géométrie, et donc aussi des règles strictes et démontrables quant aux formes possibles pour les dalles du pavage. Par exemple, on peut prouver qu'il est impossible de paver un plan avec des pentagones (on le constate *de visu* sur la figure 4, mais cela se démontre : Kepler l'avait fait, et un élève en fin de collège peut aisément y parvenir).

Cette même rencontre entre une pratique artisanale et les mathématiques se produit si, de *deux* dimensions (celles du plan), on passe à *trois* (celles de notre espace habituel). Ainsi peut-on paver cet espace avec

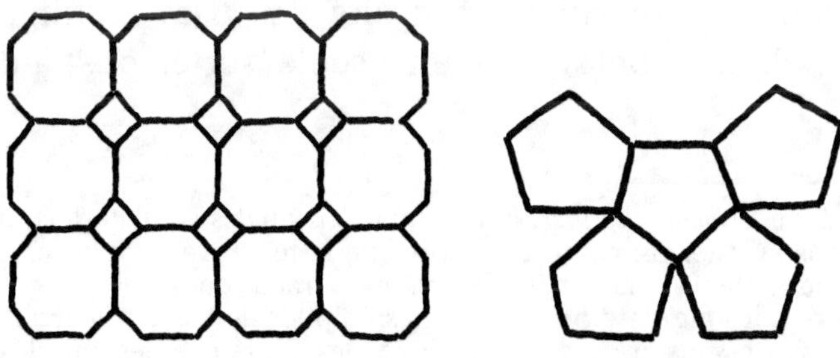

Figure 3.   Figure 4.

des cubes empilés avec soin, ou avec des parallélépipè-des (c'est ce que fait le maçon qui « monte » un mur de quelque épaisseur à l'aide de parpaings tous identi-ques ; ou le marchand de chaussures qui empile ses boîtes dans son arrière-boutique).

Comme à l'instant pour le cas de deux dimensions, la géométrie nous aide à déterminer quels sont, *à trois dimensions*, les pavés qui permettent un pavage sans vides ni superpositions. Ces pavés sont des polyèdres (solides limités par des morceaux de plans, comme le cube) et l'on démontre qu'il existe seulement cinq types de polyèdres pouvant ainsi paver l'espace à trois dimen-sions, dits polyèdres de Fedorov du nom du cristallo-graphe russe qui les a décrits au XIXe siècle[2].

Voici donc définie l'opération de pavage, à la fois pratique artisanale et procédure mathématique. Dans la suite, nous désignerons par *pavés* les éléments d'un pavage à *trois* dimensions (le cube par exemple) et par *dalles* les éléments d'un pavage à *deux* dimensions (le rectangle par exemple). Nous pouvons même « descen-dre » au cas de *une* dimension, et décider d'appeler « pavage » d'une droite l'opération consistant à dispo-ser bout à bout sur cette droite des *tiges* rectilignes. Celles-ci pourront être d'une seule sorte, c'est-à-dire

---

2. Le *tétraèdre régulier*, fait de quatre triangles équilatéraux, n'est pas dans la liste. On comprend alors que la tentative de vendre, dans les années 1960, le lait dans des boîtes tétraédriques (« berlingots ») n'ait pas fait long feu : on ne peut pas empiler de tels tétraèdres, lors du transport, sans créer de nombreux vides, alors que des parallélépi-pèdes (bordés par des rectangles) s'empilent de façon jointive et occu-pent donc au total, à quantité de lait donnée, le volume minimal.

d'une seule longueur (pavage ...AAA...), ou de deux sortes (pavages ...ABAB... ; ou encore ...ABBABBABB... etc.), ou de plus nombreuses sortes.

Revenons au cas d'un pavage plan et précisons ce que nous avons appelé sa « régularité ». En fait (voir figures 1-3), celle-ci est due à ce que la figure qu'engendrent les dalles se répète identiquement à l'infini, de la gauche à la droite, du bas vers le haut et, finalement, dans n'importe quelle direction du plan en question : on dit qu'elle est « périodique[3] ». Une telle figure périodique est dite aussi *cristalline* car, en science des minéraux, un « cristal[4] » est un empilement périodique d'atomes ou de molécules[5].

Évidence et vérité

Dans ce contexte, et avec ce vocabulaire, nous pouvons énoncer qu'à tout cristal correspond un pavage, ou plus simplement que *tout cristal est un pavage de l'espace*, théorème (appelons-le *théorème 1*) qu'illustrent par exemple, toujours dans le cas du plan, la feuille de

---

3. Elle est périodique dans l'étendue du plan, comme sont périodiques *dans le déroulement du temps* le balancement du pendule (voir p. 65), ou l'onde sonore d'une note de musique, ou la suite des saisons.

4. Le mot *cristal* prête parfois à confusion. Dans le langage courant, il désigne un verre chargé de plomb, et se retrouve dans *cristallerie*. En sciences, il désigne un empilement périodique d'objets identiques, atomes par exemple, et on l'entend dans *cristallisation*.

5. On peut, à Paris, admirer de superbes minéraux cristallins au moins en trois lieux : à l'École des mines, au Muséum d'histoire naturelle, à l'Université Paris VI-Jussieu, dont les collections mériteraient d'être beaucoup plus visités qu'elles ne le sont.

timbres-poste, ou encore le classique papier peint (par exemple à fleurs). La feuille de timbres est un cristal qui répète périodiquement la figure de Marianne à l'aide d'un pavage rectangulaire matérialisé par les lignes trouées de la feuille. Le papier peint est lui aussi un cristal, muni de *dalles*, souvent losanges, en général non matérialisées par des lignes, mais bien réelles.

Les figures 1-3 nous incitent alors à énoncer le théorème réciproque du précédent. Nous y faisons *de visu* le constat manifeste que *tout pavage est un cristal*, autrement dit un dessin périodique du plan, réciproque, que nous étendons sans hésitation au cas de l'espace à 3 dimensions. Cette proposition (ce sera notre *théorème 2*) n'est-elle pas évidente ? Peut-être l'est-elle (et on l'a tenue pour vraie durant des décennies), mais elle n'a jamais été démontrée et, en fait, elle est fausse. Il a suffi, pour en convaincre la communauté scientifique, qu'on lui présente un contre-exemple. C'est ce qu'a fait le physicien Penrose qui, saisi par le doute, a trouvé, dans les années 1970, le moyen de dessiner des pavages à deux dalles, elles-mêmes des losanges aux angles particuliers[6], qui couvrent le plan sans y engendrer de périodicité : *ces pavages* (dits « de Penrose ») *ne sont pas des cristaux* (figure 5)[7].

---

6. Ces angles sont $\pi/5$ (= 36°) et $4\pi/5$ pour l'un, $2\pi/5$ et $3\pi/5$ pour l'autre.

7. Le pavage à *une* dimension fournit aussi de tels exemples. Si en effet le pavage à une tige (... AAAA ...) est cristallin, celui à deux tiges peut ne pas l'être. Il suffit pour cela de disposer les tiges A et B au hasard : ... AABBBABABBB ...

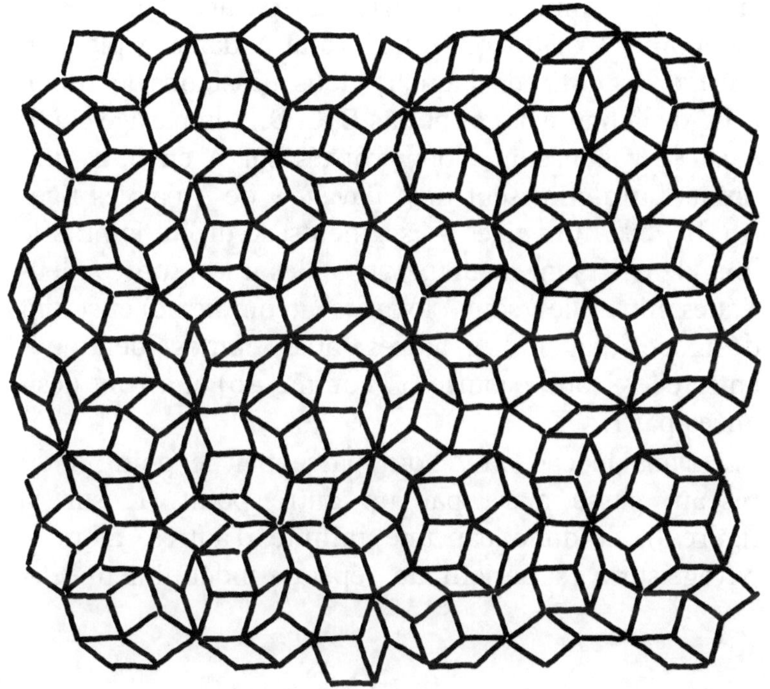

Figure 5.

Une raisonnable irrationalité

Que les pavages de Penrose soient des objets mathématiques subtils, on le devinera dans ce qui suit où, pour simplifier, nous construirons un pavage de Penrose non pas à *deux* mais à *une* dimension, à l'aide de la recette suivante.

Partons d'un pavage carré plan (à deux dimensions), celui de la figure 6. Il est repéré ici par les points situés aux sommets des carrés du pavage. Par l'un de ces points (A), traçons une droite Δ dans le plan du pavage, à partir de laquelle nous dessinons le ruban grisé de la figure 5. Les points B, C, D... du pavage situés *dans* ce ruban sont alors projetés sur Δ en b, c, d..., points qui définissent un « pavage » de Δ par les tiges Ab, bc, cd... Ces tiges — segments de droite jointifs le long de Δ — sont de deux types : les unes, toutes identiques entre elles, sont « longues » (comme bc) et seront désignées par L. Les autres, aussi toutes identiques entre elles, sont « courtes » (comme Ab) et seront désignées par l.

Dans le cas où Δ, qui passe par le point A du réseau, passe aussi par un autre point (K sur la figure 6), et donc par une infinité d'autres, alors le pavage sur Δ est périodique, répétant indéfiniment l'élé-

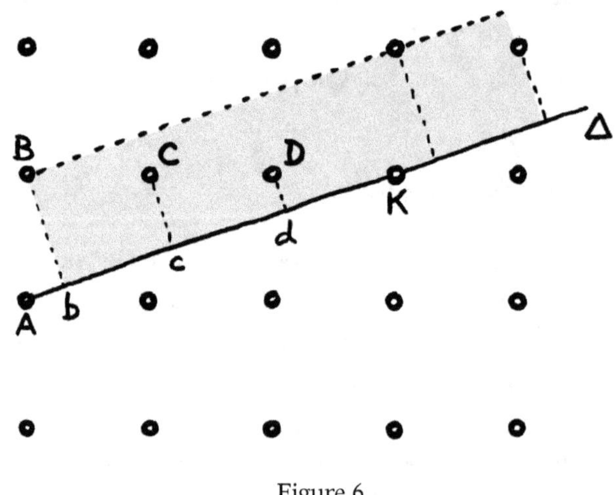

Figure 6

ment de frise ℓ L L L. On peut dire que ce pavage est cristallin : ℓ L L L ℓ L L L ℓ L L L...

En revanche, si nous imaginons le cas où Δ ne passe par aucun point du réseau (autre que A)[8], alors on devine (et cela se démontre rigoureusement) que le pavage de Δ par les tiges ℓ et L (soit par exemple ℓ L L L ℓ L L ℓ L L L...) est totalement non périodique (avec par exemple une suite non régulière d'éléments ℓ L L L et ℓ L L). Nous voici alors en face d'un pavage *non cristallin* qui, comme celui de la figure 5, illustre le fait que le « théorème 2 » est faux. Ce pavage à *une* dimension a été engendré par une « coupe *irrationnelle* » (au sens précis de la note 8, et non pas pour signifier quelque perte de la raison ou quelque faille du raisonnement !), et une projection, d'un pavage carré à *deux* dimensions[9]. Cette *coupe-projection* a engendré un pavage de dimension moitié de celle du pavage initial.

Or il est possible de créer des objets mathématiques « abstraits » (en ce sens qu'ils ne sont pas dessinables dans l'espace habituel à trois dimensions) qui sont des pavages cubiques à *quatre*, ou à *six*, dimensions. On

---

8. ... ce qui correspond au cas où la tangente de l'angle entre Δ et l'axe horizontal du réseau carré est un nombre irrationnel, c'est-à-dire un nombre qui ne peut pas être mis sous la forme du rapport entre deux nombres entiers, comme π (= 3,14159...) ou $\sqrt{2}$ (= 1,41421...). Un nombre irrationnel s'écrit en une suite de chiffres sans ordre décelable, alors qu'un nombre rationnel (rapport entre deux entiers) donne lieu à des répétitions régulières (ainsi 2/3 = 0,6666666... ou 3/7 = 0,428571428571...).

Sur la figure 6, la tangente de cet angle est égale à 1/3 : c'est un nombre rationnel.

9. On lira par exemple : Michel Duneau et Christian Janot, *La Magie des matériaux*, Paris, Éditions Odile Jacob, 1996.

peut alors démontrer que des coupes-projections identiques dans leur principe à celle pratiquée à l'instant (c'est-à-dire elles aussi *irrationnelles*) engendrent des pavages de dimension moitié (respectivement à *deux* et à *trois* dimensions) qui sont non cristallins et dont le pavage de Penrose fournit, à deux dimensions, un exemple.

Un nouveau-né bien entouré

Jusqu'à présent, nous sommes partis de l'art du carrelage pour aboutir au sein des mathématiques. L'histoire n'en reste pas là. À peine les pavages de Penrose élaborés et tandis que leur explicitation mathématique était en cours, des matériaux très concrets (en fait, des alliages à base d'aluminium et de manganèse) furent découverts qui, dans l'empilement de leurs atomes, reproduisaient (à trois dimensions bien sûr) les caractères principaux des pavages non cristallins de Penrose[10].

Le choc fut grand dans la communauté de ceux qui étudiaient la structure cristalline de la matière, pour qui l'un des piliers de leur discipline (notre « théorème 2 » : *tout pavage est un cristal*), admis sans démonstration depuis deux siècles, brusquement fléchissait. Mais cette même communauté, piquée par ce défi, devait aussitôt se lancer avec ardeur dans l'étude de ces matériaux nouveaux (appelés *quasi-cristaux*) et

---

10. Danny Shechtman, Ilan Blech, Denis Gratias, John Cahn, *in Physical Review Letters*, 53, 1984, p. 1951.

bientôt se rassembler, réunissant sur un même front mathématiciens, physiciens, cristallographes, chimistes, et même industriels en raison de certaines propriétés d'utilisation prometteuses de ces alliages.

Retour sur image

Ce fragment récent de l'histoire des sciences que constitue la découverte des quasi-cristaux concentre en lui bon nombre des sujets évoqués dans cet ouvrage et, en fait, bon nombre des ingrédients qui font la science.

Il illustre certaines des vertus que devrait favoriser l'enseignement des sciences mais que, tout autant, requiert leur avancée : c'est une vérité que d'affirmer impossible le pavage du plan par des pentagones ; c'est à un peu de modestie que nous invite notre durable confusion, ici, entre évidence et vérité ; c'est un mélange de doute et d'imagination qui a permis de découvrir un quelque chose dont la science déniait jusqu'à l'existence ; et c'est par la justesse et la rigueur que l'on a pu en déterminer la nature profonde.

Mieux encore illustre-t-il ces bourrasques qui secouent de manière imprévue l'avancée par ailleurs souvent sereine de la science ; ces grands rassemblements pluridisciplinaires qui se forment, dans l'enthousiasme et l'excitation, autour d'un sujet neuf, pour se défaire ensuite au profit d'une nouvelle aventure ; ces erreurs — fort rares il est vrai — que peut véhiculer la science, qui oublie parfois de démontrer ce qu'elle énonce comme semblant aller de soi ; ce qu'une découverte peut nous apprendre de neuf, nous ouvrant à d'immenses domaines inconnus ; et cet à-propos dont font preuve les mathématiques en préparant, comme elles le font si souvent, le terrain — ou le berceau ? — à des objets de la nature jusque-là inconnus, et qui y trouvent, dès leur naissance, leur armature conceptuelle et, presque, leur raison d'être.

Final

La science nous fait un présent multiple et inestimable : elle nous place en surplomb, nous offrant du monde un panorama sans limite ; elle vivifie en nous l'émotion de nous savoir consubstantiels à lui, et consubstantiels aux autres hommes ; elle doit ainsi contribuer à développer le respect que nous lui, et que nous leur, devons ; elle fortifie notre capacité à raisonner et à dominer par là l'inanité de tant de nos réactions ; elle nous donne enfin la maîtrise de certains des fléaux que la nature — qui sait fort bien être marâtre — nous inflige.

Cette maîtrise, favorable à l'homme, entraîne des « dégâts collatéraux ». Sans aller jusqu'à la vision de Rousseau pour qui mal et bien s'équilibrent (« Il n'y a pas de progrès dans l'espèce humaine car ce que nous gagnons d'un côté, nous le perdons de l'autre »), nous devons reconnaître, évaluer, analyser ces dégâts, et tenter de les prévoir et de les prévenir. Cela nous invite à tout faire pour que cette maîtrise soit elle-même maîtrisée, à tout faire pour qu'elle ne prenne pas les oripeaux d'un pouvoir sans contrôle des hommes les uns sur les autres, ou d'une domination que nous exercerions sur la nature et dont elle sortirait épuisée. La science n'est-elle pas notre meilleure alliée dans ce combat, elle dont, selon le mot que Brecht prête à Galilée, « le but premier est moins d'ouvrir la voie à une sagesse infinie, qu'à une erreur infinie d'opposer une barrière » ?

Nous voici revenus à notre point de départ. Si la science nous donne une forme de maîtrise sur nous-mêmes et sur le monde, si elle est pour nous un maître, ce n'est pas celui que l'on oppose à l'esclave. Ce maître-là, au contraire, ressemble fort à celui qui, dans sa classe, est en face à face avec les enfants, les enseigne et les éduque à l'autonomie de la pensée, ces enfants qui sont, dans la vison romantique de Novalis, « les seuls capables d'étudier et de comprendre la nature », ces enfants que nous redevenons tous peu ou prou devant la science, avec nos émerveillements, nos effrois, et nos espoirs.

La science est notre maître, du moins l'un de nos maîtres. Que nous en soyons conscients ou non, elle nous apprend à penser, nous fait grandir, nous aide à vivre.

Elle nous construit, elle contribue à nous instituer.

Bibliographie
du chapitre « Enseigner »

Parmi beaucoup d'autres ouvrages, on pourra consulter :

De la maternelle au cours élémentaire, Raymond Tavernier, Paris, Bordas, 1991.

Réflexions sur l'enseignement, Jean-François Bach, Jacques Friedel, Paul Germain, François Gros, Bernard Guenée, Jean Imbert, Marcel Landowski, Jean Leclant, Dominique Peccoud, Raymond Polin, Jacqueline de Romilly, Maurice Schumann, Laurent Schwartz, Flammarion, 1993.

Les Origines du savoir, André Giordan et Gérard de Vecchi, Delachaux et Niestlé, 1994.

Science Education Standards, NRC, National Academy Press, 1996.

L'Apprentissage de l'incertain, Robert Germinet, Odile Jacob, 1997.

La Physique est un jeu d'enfant, Mireille Hibon, Armand Colin, 1996 ; *L'enfant et sa planète*, Mirelle Hibon, Armand Colin, 1997.

Enfants, chercheurs et citoyens, sous la direction de Georges Charpak, Éditions Odile Jacob, 1998.

Sciences et technologie à l'école, coordination : Brigitte Zana, Delagrave, 1998.

Apprendre !, André Giordan, Belin, 1998.

L'Astronomie est un jeu d'enfant, Mireille Hartmann, Préface de Pierre Léna, Le Pommier-Fondation des Treilles, 1999.

How People learn, National Research Council, 1999.
Des Mains à la tête, Janet Borg, Marima Faivre d'Arcier, Jean-François Monard, Richard Planel, Magnard, 1999.
Fleurus-Sciences, Fleurus, 1999.
Les Sciences et l'école primaire, Colloque, coordination : Claudine Larcher, Yves Renoux, Édith Saltiel, INRP, 1999.
Graines de science, sous la direction de Pierre Léna, Isabelle Catala, David Jasmin et Jean-Marie Bouchard, avec des textes de : Charles Auffray, Fabienne Casoli, Jean Cousteix, Bruno Fady, Marc Julia, Étienne Klein, Bernard Kloareg, Pierre Laszlo, Pierre Léna, Éric Lewin, Ghislain de Marcilly, Jean Matricon, Jean-Paul Poirier, David Quéré et Yves Quéré, Le Pommier-Fondation du Treilles, 1999, 2000, 2001.
À chaque enfant ses talents, Isabelle Causse-Mergui, Le Pommier, 2000.
Explorer le ciel, est un jeu d'enfant, Mireille Hartmann, Préface de Yves Quéré, Le Pommier-Fondation des Treilles, 2001
Pour des aspects historiques :
Physique et humanités scientifiques, Nicole Hulin (éd), Septentrion, 2000.

On enrichira les lectures par la fréquentation des musées de sciences, de techniques ou d'instruments (*Cf.* Étienne Guyon in *Encyclopedia Universalis*, suppl, 1992, p. 504).
En particulier, à Paris : le *Conservatoire des arts et métiers* (avec son musée national des techniques) créé par l'abbé Grégoire, le *Muséum national d'histoire naturelle*, le *palais de la Découverte*, créé par Jean Perrin, la *Cité des Sciences et de l'Industrie* (La Villette*)*, Le *musée de l'Homme*, le *musée de la Marine*, le *musée des Instruments de musique* de la Cité de la Musique, l'*Explor@dôme* du Jardin d'acclimatation ; à Poitiers, le *Futuroscope* ; et, à l'étranger, l'*Exploratorium* de San Francisco (Goéry Delacôte) ; le *Museo de La Caixa* de Barcelone ; l'*Observatory* de Bristol ; le *Musée de plein-air* de l'Institut Weizman à Rehovot...
On songera aussi à tant et tant de lieux de découverte, plus modestes mais valeureux, comme *Ébulliscience* à Vaulx-en-Velin (Henri Latreille et Yves Janin), *Créascience* à Bergerac, la collection d'instruments scientifiques anciens du *Musée du Périgord* (Francis Gires)..., sans oublier les nombreuses associations qui font un travail remarquable d'initiation des enfants à la science.

Index des noms cités

TABLE DES MATIÈRES

Ouvrage publié sous la responsabilité éditoriale
de Gérard Jorland

Ouvrage composé
et mis en page chez Nord Compo
N° d'édition : 7381-1063-1
Dépôt légal : novembre 2008

9 782738 110633